Graphen lesen und darstellen 1

1 Fünf zylindrische Gefäße stehen auf einer Treppe und werden gleichzeitig und gleichmäßig mit Wasser gefüllt. Welcher Füllhöhengraph gehört zu welchem Gefäß? (Die Höhe wird immer von der Nulllinie aus gemessen.)

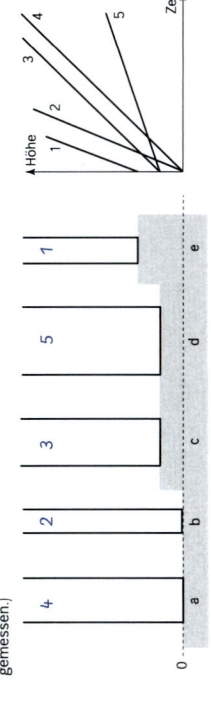

2 a) Die Bilder (I) und (II) zeigen die Querschnitte von zwei Berghängen. Während Paul der Pistenschreck hinunterfährt, wird ein Zeit-Geschwindigkeits-Diagramm aufgezeichnet.
Welches der Diagramme gehört zu Bahn (I) bzw. (II)?

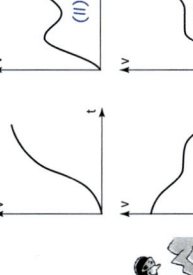

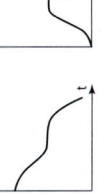

b) Welche Bahn gehört zu dem t-v-Diagramm?

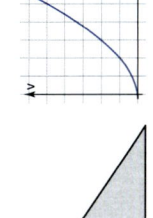

c) Zeichne ein t-v-Diagramm zu der gegebenen Bahn.

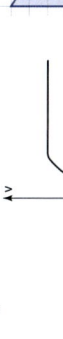

d) Zeichne eine Bahn zu dem t-v-Diagramm.

Graphen lesen und darstellen 2

1 Martinus Zack wohnt in Abelsweiler und besucht nachmittags regelmäßig seine Kunden. Er zeichnet seine Fahrten genau auf.

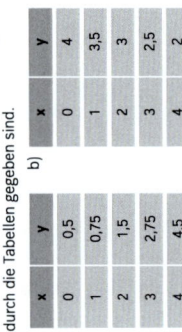

Gaussdorf 13 km · Eulerwald · 32 km · Cantorshausen · Besselberg · 14 km · Abelsweiler · 21 km

a)

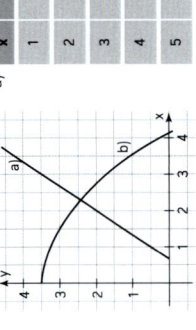

Entfernung von Abelsweiler (in km) / Uhrzeit

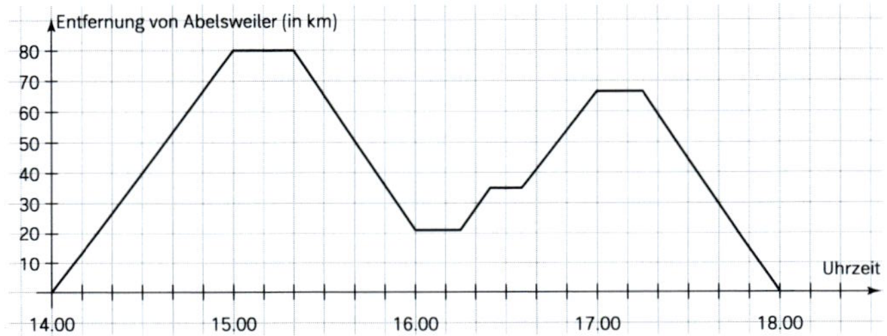

Wie weit ist Cantorshausen bzw. Eulerwald von Abelsweiler entfernt?   _35 km; 67 km_

Welches ist der zweite Ort, den Herr Zack besucht?   _Besselberg_

Wie lange hält er sich in Gaussdorf, wie lange in Eulerwald auf?   _20 min; 15 min_

Wie lange fährt er von Gaussdorf nach Besselberg?   _40 min_

b) Welcher der Graphen 1 oder 2 gehört zu welchem Fahrtprotokoll (I), (II) bzw. (III)?
Ergänze den fehlenden Graphen im Diagramm.

(I)

	A	C	G	E	B	A
an		14.30	15.40	16.10	17.10	18.00
ab	14.00	15.00	16.00	16.30	17.40	

Graph _2_

(II)

	A	E	G	C	B	A
an		15.00	15.30	16.40	17.05	18.00
ab	14.00	15.15	16.10	16.55	17.35	

Graph ____

(III)

	A	B	E	G	C	A
an		14.20	15.15	15.50	16.50	18.00
ab	14.00	14.35	15.40	16.10	17.30	

Graph _1_

Entfernung von Abelsweiler (in km) / Uhrzeit

Graph – Tabelle – Rechenvorschrift 1

1 Zeichne die Graphen zu den beiden Zuordnungen, die durch die Tabellen gegeben sind.

a)

x	y
0	0,5
1	0,75
2	1,5
3	2,75
4	4,5

b)

x	y
0	4
1	3,5
2	3
3	2,5
4	2

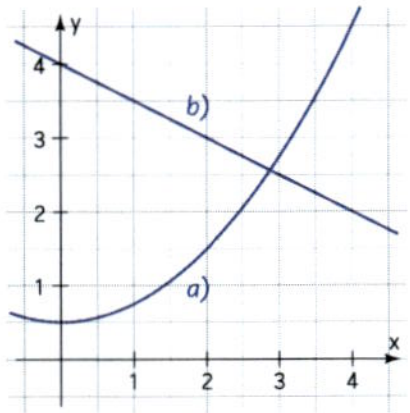

2 Vervollständige die Tabellen, die zu den beiden Graphen gehören.

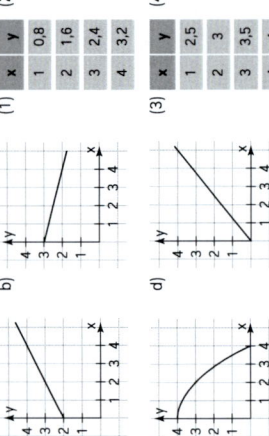

a)

x	y
1	0,5
2	2
3	3,5
4	5
5	6,5

b)

x	y
0	3,5
1	3,25
2	2,75
3	1,75
4	0,25

3 Welche Graphen, Tabellen und Formeln gehören zusammen?

(1)

x	y
1	0,8
2	1,6
3	2,4
4	3,2

(2)

x	y
1	3,75
2	3
3	1,75
4	0

(3)

x	y
1	2,5
2	3
3	3,5
4	4

(4)

x	y
1	2,75
2	2,5
3	2,25
4	2

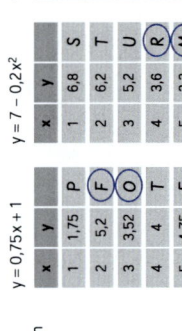

a) b) c) d) (Graphen)

(I) $y = 4 - 0,25x^2$
(II) $y = 3 - 0,25x$
(III) $y = 0,5x + 2$
(IV) $y = 0,8x$

a) _(3)_ _(III)_
b) _(4)_ _(II)_
c) _(2)_ _(I)_
d) _(1)_ _(IV)_

4 Fehlerteufel: Welche Tabellenwerte wurden falsch berechnet? Die zugehörigen Buchstaben ergeben das Lösungswort.

$y = 0,75x + 1$

x	y	
1	1,75	P
2	5,2	F
3	3,52	O
4	4	T
5	4,75	E

$y = 7 - 0,2x^2$

x	y	
1	6,8	S
2	6,2	T
3	5,2	U
4	3,6	R
5	2,2	M

$y = 0,5x^2 + 2x$

x	y	
1	2,5	F
2	6,2	E
3	10,5	I
4	15	L
5	22,5	E

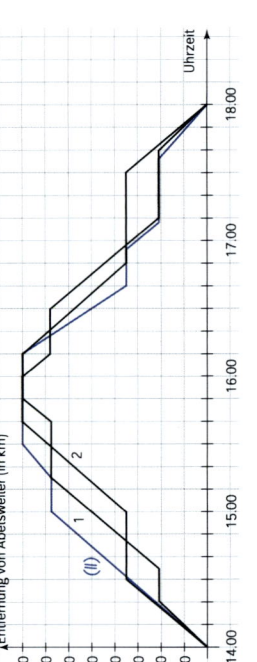
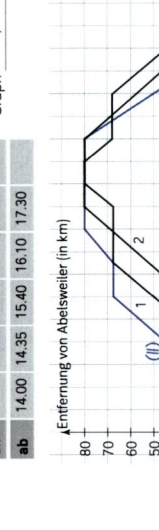
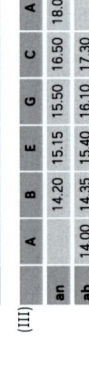

Lösungswort: _FORMEL_

Proportionale Zuordnungen 1

1 Welche der Zuordnungen können proportional sein, welche nicht? Kreuze an. Zeichne die Graphen der proportionalen Zuordnungen.

a)

x	y
1	0,6
2	1,4
3	2,4
4	3,6

☒ ja ▢ nein

b)

x	y
0,5	0,3
1	0,6
2,5	1,5
3,5	2,1

☒ ja ▢ nein

c)

x	y
0,5	1,2
1,5	1,6
2	1,8
4	2,6

▢ ja ☒ nein

d)

x	y
0,5	0,6
1,5	1,8
2,5	3,0
3,5	4,2

☒ ja ▢ nein

2 Ergänze die Tabellen so, dass die Zuordnungen proportional sind.

x	3	5	7	9	11	13
y	6	10	14	18	22	26

x	20	36	40	56	72	80
y	15	27	30	42	54	60

x	1,5	2,7	3,6	4,8	5,7	6,0
y	0,5	0,9	1,2	1,6	1,9	2

x	7	11	23	31	36	40
y	16,1	25,3	52,9	71,3	82,8	92

3 Welche Graphen, Tabellen und Rechenvorschriften gehören zusammen?

(I) y = 0,8 x
(II) y = 1,3 x
(III) y = 0,6 x
(IV) y = 1,1 x

(1)
x	y
0,5	0,3
0,9	0,54
2,0	1,2
3,5	2,1

(2)
x	y
0,4	0,44
1,8	1,98
3,0	3,30
3,6	3,96

(3)
x	y
0,2	0,26
1,2	1,56
2,0	2,60
3,3	4,29

(4)
x	y
1,1	0,88
2,4	1,92
3,6	2,88
4,0	3,20

a) (3) (II)
b) (2) (IV)
c) (4) (I)
d) (1) (III)

4 Anton und Antonia kaufen Äpfel.

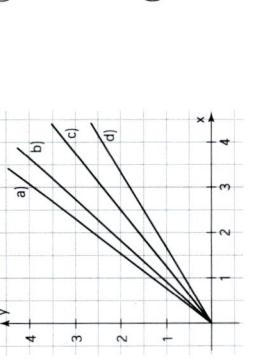

Sonderpreis
Grüner Königsapfel
3 kg
5,70 €

Gewicht	Preis
3 kg	5,70 €
1 kg	1,90 €
5 kg	9,50 €

Anton kauft 5 kg der Sorte „grüner Königsapfel". Was muss er bezahlen?

Anton muss 9,50 € bezahlen.

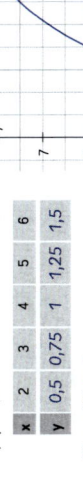

Sonderpreis
Grauer Spälting
3 kg
4,80 €

Preis	Gewicht
4,80 €	3 kg
1,20 €	0,75 kg
3,60 €	2,25 kg

Antonia hat den „grauen Spälting" gekauft und 3,60 € bezahlt. Welches Gewicht haben ihre Äpfel?

Antonia hat 2,25 kg Äpfel gekauft.

Graph – Tabelle – Rechenvorschrift 2

1 Die Strecken des Diagramms sind die Graphen von Zuordnungen. Ergänze die Tabellen.

a)
x	0	1	2	3	4
y	0	1	2	3	4

b)
x	4	5	6	7	8
y	4	4,25	4,5	4,75	5

c)
x	1	2	3	4	5
y	0	0,5	1	1,5	2

d)
x	8	9	10	11	12
y	5	4,75	4,5	4,25	4

e)
x	6	6,5	7	7,5	8
y	0	-1	-2	-3	-4

Entscheide, welche der Formeln zu den Graphen bzw. Tabellen gehört.

y = -0,25·x + 7	y = -2·x + 12	y = x	y = 0,5·x - 0,5
d	e	b	a	c

y = 0,25·x + 3

2 Vervollständige zu jeder Zuordnung die Tabelle und zeichne die Graphen. Runde auf zwei Stellen nach dem Komma.

a) y = 0,25x
x	2	3	4	5	6
y	0,5	0,75	1	1,25	1,5

b) y = 0,5x + 4
x	2	2,5	3	3,5	4
y	5	5,25	5,5	5,75	6

c) y = -0,25·x + 6,5
x	4	4,5	5	5,5	6
y	5,5	5,38	5,25	5,13	5

d) y = 3 · x² - 24x + 49,5
x	3	3,5	4	4,5	5
y	4,5	2,25	1,5	2,25	4,5

e) y = 0,5·(8 - x)
x	0	1	2	3	4	5	6	7	8
y	0	3,5	0	7,5	0	3,5	0

Proportionalen Zuordnungen 2

1 Löse die Aufgaben. Nur manche sind sinnvoll zu lösen. Deren Ergebnisse sind unten ohne Einheiten angegeben.

a) Wie viel kosten 450g?

<u>200</u> g kosten <u>3,60</u> €.
<u>50</u> g kosten <u>0,90</u> €.
<u>450</u> g kosten <u>8,10</u> €.

200 g
3,60 €

b) 400g kosten 5,20€. Wie viel erhält man für 9,10€?

Preis	5,20€	1€	9,10€
Menge	400 g	76,9 g	700 g

c) 3 Flaschen Wein: 16,86€
8 Flaschen Wein: ?€

Anzahl	3	1	8
Betrag	16,86€	5,62€	44,96€

d) 5 Flaschen Sekt: 37,15€
Wie viele Flaschen für 66,87€?

37,15€ für 5 Flaschen
1€ für 0,13 Flaschen
66,87€ für 9 Flaschen

e) *In 2 Wochen Urlaub habe ich 3 Kilo zugenommen.*

keine Proportionalität

Wie viel hat Herr S. nach 5 Wochen zugenommen?

f) Ein Astronaut mit voller Ausrüstung (114kg) erfährt auf dem Mond die Gewichtskraft 187,7N. Welche Kraft wirkt auf das Mondauto (210kg)?

Masse	114kg	1kg	210kg
Gewichtskraft	187,7N	1,6N	336N

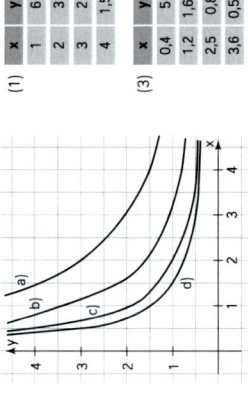

g)

Benzinverbrauch	Strecke
26,6 l	350km
1 l	13,16 km
49,4 l	650km

h) An der Tankstelle. Wie viel kosten 60 Liter?

Betrag	71,61 €
Abgabe	46,50 Liter

Abgabe	46,50 l	1 l	60 l
Betrag	71,61€	1,54€	92,40€

i) Zum Einsäen von 540m² Rasenfläche braucht Herr Grün 12kg Samen. Wie viel Samen braucht Herr Grün für seine 810m²?

Fläche	540 m²	1 m²	810 m²
Samen	12 kg	$\frac{12}{540}$ kg	18 kg

k) Oberstudienrat Eifrig hat mit 20 Schülern das Kapitel „Zuordnungen" in 5 Wochen durchgenommen. Wie lange hätte er mit 25 Schülern gebraucht?

keine Proportionalität

l) Ein kleiner Quader aus Silber hat ein Volumen von 4 cm³ und wiegt 42g. Welches Volumen hat eine kleine Statue aus Silber, die 73,5g wiegt?

Masse	Volumen
42g	4 cm³
1g	0,095 cm³
73,5g	7 cm³

18 92,4 700 9 9,45
650 8,10 44,96 7

Antiproportionale Zuordnungen 1

1 Welche der Zuordnungen können antiproportional sein, welche nicht? Kreuze an. Zeichne die Graphen der antiproportionalen Zuordnungen.

a)

x	y
0,5	3,63
1,5	2,88
3	1,75
4	1

☐ ja ☒ nein

b)

x	y
0,5	3,6
1	1,8
2	0,9
4	0,45

☒ ja ☐ nein

c)

x	y
1	4
2	2
3	1,3
4	1

☒ ja ☐ nein

d)

x	y
0,5	4
1	3
2	1
4	0,5

☐ ja ☒ nein

a) $y = \frac{1,8}{x}$ b) $y = \frac{4}{x}$

2 Ergänze die Tabellen so, dass die Zuordnungen antiproportional sind.

x	2	3	4	6	12	18
y	72	48	36	24	12	8

x	2	4	5	6	9	10
y	12	6	4,8	4	2,67	2,4

x	4	6	8	10	14	15
y	210	140	105	84	60	56

x	2,4	3,0	6,4	8,0	15	24
y	40	32	15	12	6,4	4

3 Welche Graphen, Tabellen und Rechenvorschriften gehören zusammen?

(1)

x	y
1	6
2	3
3	2
4	1,5

(2)

x	y
0,8	4
1,6	2
3,2	1
4,0	0,8

(3)

x	y
0,4	5
1,2	1,66
2,5	0,8
3,6	0,56

(4)

x	y
0,5	3
1,2	1,25
2	0,75
3,5	0,43

(I) $y = \frac{2}{x}$
(II) $y = \frac{6}{x}$
(III) $y = \frac{1,5}{x}$
(IV) $y = \frac{3,2}{x}$

a) <u>(1) (II)</u>
b) <u>(2) (IV)</u>
c) <u>(3) (I)</u>
d) <u>(4) (III)</u>

4 Bäcker Frischbrot stellt 300 Brezeln zu 40g her. Wie viele Brezeln hätte er aus der gleichen Teigmenge herstellen können, wenn er sie
a) 2g leichter   b) 2g schwerer   c) 5g schwerer gemacht hätte?

a) 2g leichter

Gewicht	Anzahl
40g	300
1g	12000
38g	315

b) 2g schwerer

Gewicht	Anzahl
40g	300
1g	12000
42g	285

c) 5g schwerer

Gewicht	Anzahl
40g	300
1g	12000
45g	266

Page 8

Antiproportionale Zuordnungen 2

1 Löse die Aufgaben. Nur manche sind sinnvoll zu lösen. Deren Ergebnisse sind unten ohne Einheiten angegeben.

a) Wie viele Pferde sind im Stall, wenn der Vorrat für 100 Tage reicht?

Unser Hafer reicht für 250 Tage.

Vorrat	250d	1d	100d
Pferde	2	500	5

b) *Unser Hafer reicht für 250 Tage.* — *Unser Hafer reicht für 189 Tage.* — Wie lange reicht das für uns?

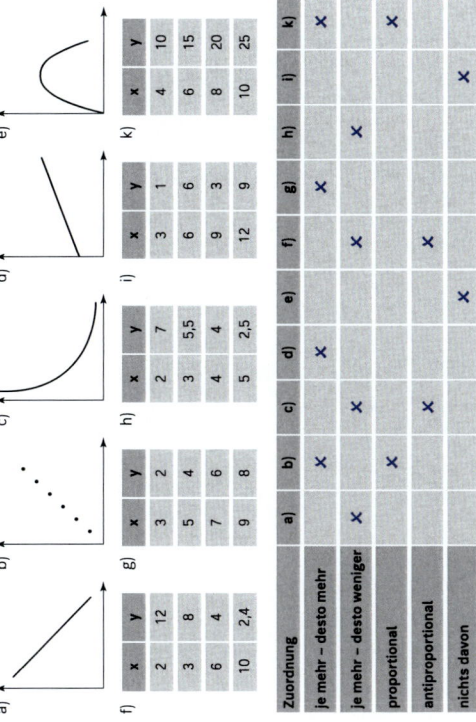

Anzahl	Zeit
3	189 d
1	567 d
7	81 d

c) Mit 32 Feuerwehrmännern wurde ein Brand in 6 Stunden gelöscht. Wie lange dauert das Löschen, wenn 48 Männer zum Einsatz kommen?

keine Proportionalität

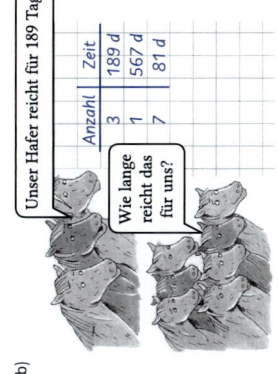

d) Drei Planierraupen benötigen 21 Std. Eine Planierraupe benötigt 63 Std.

Neun Planierraupen benötigen 7 Std.

e) 54 Personen müssen für die Busfahrt je 25 € bezahlen. Wie viel muss jeder zahlen, wenn nur 50 Personen mitfahren?

5+ für 25 €
1 für 1350 €
50 für 27 €

f) Zwei Bauarbeiter heben eine Grube mit den Maßen 2 m mal 2 m, die 3 m tief ist, in 3 Stunden aus. Wie lange würden 10 Arbeiter benötigen?

nicht durchführbar

g) Der Brenner einer Ölheizung verbraucht je Betriebsstunde 3,6 l Öl. Eine Tankfüllung reicht für 1500 Betriebsstunden. Wie viele Stunden reicht die Tankfüllung, wenn ein neuer Brenner eingesetzt wird, der 3,2 l verbraucht?

Öl	3,6 l	1 l	3,2 l
Std.	1500	5400	1687,5

h) Der Brenner einer anderen Ölheizung verbraucht je Betriebsstunde 3,2 l Öl. Eine Tankfüllung reicht für 1500 Betriebsstunden. Welchen Verbrauch hat ein neuer Brenner je Stunde, wenn die Tankfüllung für 1600 Stunden reicht?

Std.	1500	1	1600
Öl	3,2 l	4800 l	3 l

i) Ute hat für die Urlaubsreise Taschengeld gespart. Wenn sie täglich 9 € ausgibt reicht das Geld 16 Tage. Wie lange reicht es bei 6 € täglich?

9 € für 16 d
1 € für 144 d
6 € für 24 d

k) *Mit 5 Leuten dauert unsere Wanderung 3,5 Stunden.* — Wie lange dauert es mit 7 Personen?

keine Proportionalität

l) In 14 Tagen können 8 Gärtner einen Park anlegen. Wie viele Tage werden benötigt, wenn nur 7 Gärtner zur Verfügung stehen?

Gärtner	Tage
8	14
1	112
7	16

81 | 24 | 76 | 54
1687,5 | 5 | > | 3 | 27

Page 9

Proportionale / antiproportionale Zuordnungen

1 Welche der folgenden Tabellen bzw. Graphen gehören zu einer besonderen Zuordnung? Kreuze an.

a) b) c) d) e) (Graphen)

f)

x	y
2	12
3	8
6	4
10	2,4

g)

x	y
3	2
5	4
7	6
9	8

h)

x	y
2	7
3	5,5
4	4
5	2,5

i)

x	y
3	1
6	6
9	3
12	9

k)

x	y
4	10
6	15
8	20
10	25

Zuordnung	a)	b)	c)	d)	e)	f)	g)	h)	i)	k)
je mehr – desto mehr	X									
je mehr – desto weniger		X								
proportional				X			X			
antiproportional			X			X				X
nichts davon					X			X	X	

2 Welche der Zuordnungen ist proportional, welche antiproportional, welche weder proportional noch antiproportional?

a)

Anzahl	14	23	35	43
Preis in €	5,88	9,66	14,70	18,06

proportional

b)

Gewicht in kg	8	13	17	20
Preis in €	13,44	21,48	25,68	33,60

weder noch

c)

Anzahl	16	25	32	50
Dauer in h	7,5	4,8	3,75	2,4

antiproportional

d)

Stückzahl	15	25	35	45
Preis in €	1,18	1,40	1,54	1,65

weder noch

3 Fülle die Tabellen aus. Gib auch Proportionalitätsfaktor bzw. Produkt an.

a) Die Zuordnung ist proportional

x	7	10	12	15
y	8,4	12	14,4	18

Proportionalitätsfaktor: 1,2

b) Die Zuordnung ist antiproportional

x	4	6	8	16
y	2,4	1,6	1,2	0,6

Produkt: 9,6

c) Die Zuordnung ist proportional

x	12	26	40	54
y	9	19,5	30	40,5

Proportionalitätsfaktor: 0,75

d) Die Zuordnung ist antiproportional

x	12	26	40	54
y	42,25	19,5	12,675	9,389

Produkt: 507

Rechnen mit Zuordnungen 1

Gib bei folgenden Aufgaben immer zuerst die Zuordnung an. Überlege anschließend, ob sie proportional oder antiproportional ist.

1 Ein Traktor fährt eine bestimmte Wegstrecke. Dabei drehen sich die großen Hinterräder, die einen Umfang von 5,10m haben, 1938-mal.

Zuordnung: *Umfang* → *Drehungen*

Proportional oder antiproportional: *antiproportional*

Wie oft drehen sich dabei die Vorderräder, deren Umfang 1,90m beträgt?

Umfang	Drehungen
5,10m	1938
1m	9883,8
1,90m	5202

2 „Sonderangebot: Hackfleisch, 500g nur 1,75€", steht an der Metzgertheke.

Zuordnung: *Gewicht* → *Preis*

Proportional oder antiproportional: *proportional*

a) Frau Sparpfennig kauft 1300g. Wie viel muss sie bezahlen?
b) Frau Markus will 800g vom Sonderangebot kaufen. „Darf es etwas mehr sein?", fragt die Verkäuferin. Anschließend bezahlt Frau Markus 3,01€. Wie viel Gramm waren es mehr?
Es sind 60 g mehr.

a)
Gewicht	Preis
500g	1,75€
100g	0,35€
1300g	4,55€

b)
Preis	Gewicht
1,75€	500g
1€	285,7g
3,01€	860g

3 „Warum regen sich alle Leute immer über die Benzinpreise auf?", wundert sich Herr Witzigmann. „Ich tanke immer für 30€."

Zuordnung: *Preis* → *Liter*

Proportional oder antiproportional: *proportional*

Wieviel Liter Benzin erhält Herr Witzigmann für seine 30€, wenn
a) 40l Benzin 58,40€ kosten,
b) 45l Benzin 71,55€ kosten?

a)
Preis	Liter
58,40€	40l
1€	0,685l
30€	20,54l

b)
Preis	Liter
71,55€	45l
1€	0,629l
30€	18,86l

4 Um Papier zu sparen, beschließt Verleger Schragel das neueste Buch von Professor Dreistein „Mathe macht glücklich" etwas enger zu drucken. So sollen 38 Zeilen pro Seite statt der üblichen 36 Zeilen pro Seite gesetzt werden. Bei einem 36-Zeilen-Satz hätte das Buch 684 Seiten.

Zuordnung: *Zeilen* → *Seiten*

Proportional oder antiproportional: *antiproportional*

a) Wie viele Seiten hat das Buch, wenn 38 Zeilen gesetzt werden?
b) Wie viele Zeilen müssten pro Seite gesetzt werden, wenn das Buch nur 616 Seiten haben soll?

a)
Zeilen	Seiten
36	684
1	24 624
38	648

a)
Seiten	Zeilen
684	36
1	24 624
616	40

Lösungen (ohne Einheiten und gerundet): 4,55; 18,9; 20,5; 40; 60; 648; 5202

Rechnen mit Zuordnungen 2

1 Herr Frühlich hat Wein gekauft. Für 17 Flaschen „Matheberger Sorgenbrecher" hat er 115,60€ bezahlt.

a) Wie viel hätten 25 Flaschen von dieser Sorte gekostet?
b) Wie viele Flaschen erhält man für 149,60€?

a)
Flaschen	Preis
17	115,60€
1	6,80€
25	170€

b)
Preis	Flaschen
115,60€	17
1€	0,15
149,60€	22

2 „Wenn wir in einer Woche 5kg Kartoffeln essen, reicht unser Vorrat für 28 Wochen", erklärt Oma Fanny.

a) Wie lange reicht der Vorrat, wenn wöchentlich 7kg gegessen werden?
b) Wie viel wird in der Woche gegessen, wenn der Vorrat 35 Wochen reicht?

a)
Menge	Wochen
5kg	28
1kg	140
7kg	20

b)
Wochen	Menge
28	5kg
1	140kg
35	4kg

3 Im Mehrfamilienhaus „Teures Wohnen" wird die Miete nach Quadratmetern berechnet. Hinzu kommen für jede Wohnung Nebenkosten in Höhe von 95€. Familie Maier bezahlt für ihre 130m² große Wohnung insgesamt 1057€.

a) Wie hoch ist die Gesamtmiete für die Nachbarwohnung (120m²)?
b) Nach einer Mieterhöhung hat Herr Maier insgesamt 1105,10€ zu bezahlen, wobei die Nebenkosten gleich geblieben sind. Wie viele Quadratmeter hat die Wohnung von Familie Müller, die nach der Erhöhung insgesamt 1182,80€ bezahlen muss?

a) 1057€ − 95€ = 962€

m²	Miete
130	962€
1	7,40€
120	888€

```
  8 8 8 €
+ 9 5 €
  9 8 3 €
```

b) 1105,10€ − 95€ = 1010,10€
1182,80€ − 95€ = 1087,80€

Miete	m²
1010,10€	130
1€	0,129
1087,80€	140

4 Eine Parkanlage kann von 10 Gärtnern in 12 Tagen angelegt werden.

a) Wie viele Tage werden benötigt, wenn nur 4 Gärtner zur Verfügung stehen?
b) Die Anlage ist schon nach 8 Tagen fertiggestellt. Wie viele Gärtner waren im Einsatz?
c) Wie viele Tage werden insgesamt gebraucht, wenn von den 10 Gärtnern nach 4 Tagen 2 wegen Krankheit ausfallen?
d) Wie viele Tage werden insgesamt gebraucht, wenn den 10 Gärtnern, nach 3 Tagen 5 Gärtner zu Hilfe kommen?
Tipp zu c) und d): Nach 4 Tagen benötigen 10 Gärtner 8 Tage, nach 3 Tagen benötigen 10 Gärtner 9 Tage.

a)
Gärtner	Tage
10	12
1	120
4	30

b)
Tage	Gärtner
12	10
1	120
8	15

c)
Gärtner	Tage
10	8
1	80
8	10

4 + 10 = 14 Tage

d)
Gärtner	Tage
10	9
1	90
15	6

3 + 6 = 9 Tage

Die Lösungen (ohne Einheiten) sind hier angegeben. Die zugehörigen Buchstaben ergeben in der Reihenfolge der Aufgaben eine alte Bezeichnung für Dreisatzrechnung.

140	22	4	30	20	9	983	170	14	15
D	E	E	E	G	I	L	R	R	T

Lösungswort: *REGEL DE TRI*

Terme 1

1 Welche Tabellen, Terme und Wortbeschreibungen stellen dieselbe Zuordnung dar?

(1) $T(x) = x^2 - 1$
(2) $T(x) = 2(x + 3)$
(3) $T(x) = x(x + 1)$
(4) $T(x) = 3x - 1$

a)

x	1	2	3	4
T(x)	2	6	12	20

b)

x	2	3	4	5
T(x)	5	8	11	14

c)

x	1	2	3	4
T(x)	8	10	12	14

d)

x	1	3	5	7
T(x)	0	8	24	48

(I) Jeder Zahl wird ihr Dreifaches, vermindert um 1, zugeordnet.

(II) Jeder Zahl wird ihr Produkt mit der um 1 größeren Zahl zugeordnet.

(III) Jeder Zahl wird ihr Quadrat, vermindert um 1, zugeordnet.

(IV) Jeder Zahl wird das Doppelte der um 3 größeren Zahl zugeordnet.

a) (II)   (3)
b) (I)   (4)
c) (IV)   (2)
d) (III)   (1)

2 Ergänze die Tabellen und finde einen Term. (Bei einer Aufgabe lässt sich kein Term finden.)

a)

n	1	2	3	4	5	6
T(n)	1	3	5	7	9	11

$2n - 1$

b)

n	1	2	3	4	5	6
T(n)	0	3	8	15	24	35

$n^2 - 1$

c)

n	1	2	3	4	5	6
T(n)	2	3	5	7	11	13

Primzahlen

d)

n	1	2	3	4	5	6
T(n)	1	3	7	15	31	63

$2^n - 1$

3 T(n) gibt die Anzahl der Kästchen an, aus denen die Muster bestehen. Zeichne das nächste Muster, finde einen Term und fülle die Tabelle aus.

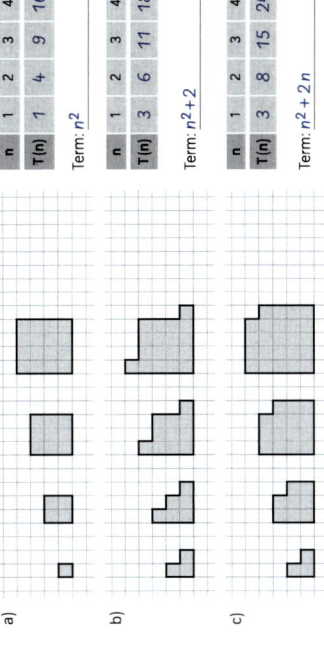

a)

n	1	2	3	4	5	10
T(n)	1	4	9	16	25	100

Term: n^2

b)

n	1	2	3	4	5	10
T(n)	3	6	11	18	27	102

Term: $n^2 + 2$

c)

n	1	2	3	4	5	10
T(n)	3	8	15	24	35	120

Term: $n^2 + 2n$

4 Max legt mit Streichhölzern Figuren. Wie viele hat er bis zum 24. Quadrat benutzt?

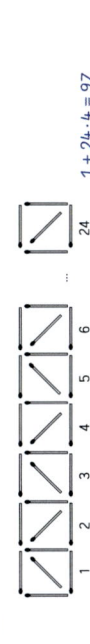

$1 + 24 \cdot 4 = 97$

Rechnen mit Zuordnungen 3

1 Herr Reichlich will seinen großen Swimmingpool leeren. Er benutzt dazu 3 Pumpen, die in 12 Stunden 3600 l Wasser fördern.
Wie viele Liter Wasser pumpen 8 Pumpen in 9 Stunden?
Benutze die Tabelle zur Lösung.
Überlege bei jedem Schritt, ob die zugrunde liegende Zuordnung proportional oder antiproportional ist.

Pumpe	Zeit	Menge
3	12h	3600l
1	12h	1200l
8	12h	9600l
8	1h	800l
8	9h	7200l

2 3 Maschinen fertigen 6 Bauteile in 4 Stunden. Wie lange dauert es, bis 10 Maschinen 15 Bauteile produziert haben?

Maschinen	Teile	Zeit
3	6	4h
1	6	12h
10	6	1,2h
10	1	0,2h
10	15	3h

zu	sam
men	ge
Drei	setz
ter	satz

3 Im letzten Jahr haben in der Verwaltung der Stadt Fröhlichberg 12 Büroangestellte in 15 Tagen 200 Akten bearbeitet. Wie lange brauchen 9 Angestellte für 140 Akten?

Angestellte	Akten	Tage
12	200	15
1	200	180
9	200	20
9	1	0,1
9	140	14

4 Auf der Großbaustelle „Langer" werden 14 Lkw benötigt, die 36 Tage lang jeden Tag 8 Fahrten machen.

a) Wie viele Tage dauern die Arbeiten, wenn 2 Wagen ausfallen und nur 7 Fahrten pro Tag möglich sind?

b) Die Arbeit soll in 32 Tagen fertig sein, wobei 9 Fahrten pro Tag möglich sind. Wie viele Lkw werden dann benötigt?

c) Wie viele Tage dauern die Arbeiten, wenn nach 12 Tagen 2 Lkw ausfallen, wobei weiterhin 8 Fahrten pro Tag durchgeführt werden?

a)

LKW	Fahrten	Tage
14	8	36
1	8	504
12	8	42
12	1	336
12	7	48

b)

Fahrten	Tage	LKW
8	36	14
8	1	504
8	32	15,75
1	32	126
9	32	14

c)

LKW	Tage
14	36
14	24
1	336
12	28
28 + 12 = 40	

Lösungen (ohne Einheiten): 3; 14; 14; 40; 48; 7200

Relativer Vergleich 1

1 Färbe den jeweils angegebenen Teil der Fläche nach Augenmaß ein.

a) 25%   b) 50%   c) 33%

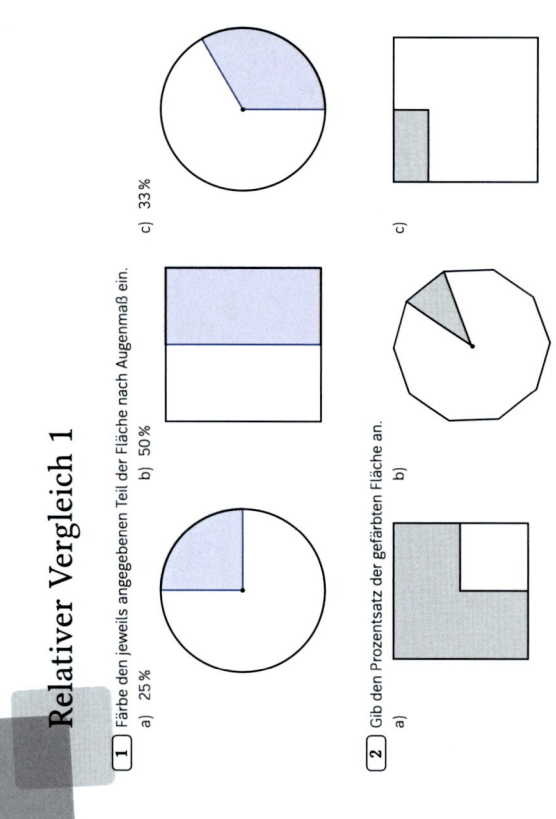

2 Gib den Prozentsatz der gefärbten Fläche an.

a) _75%_   b) _10%_   c) _12,5%_

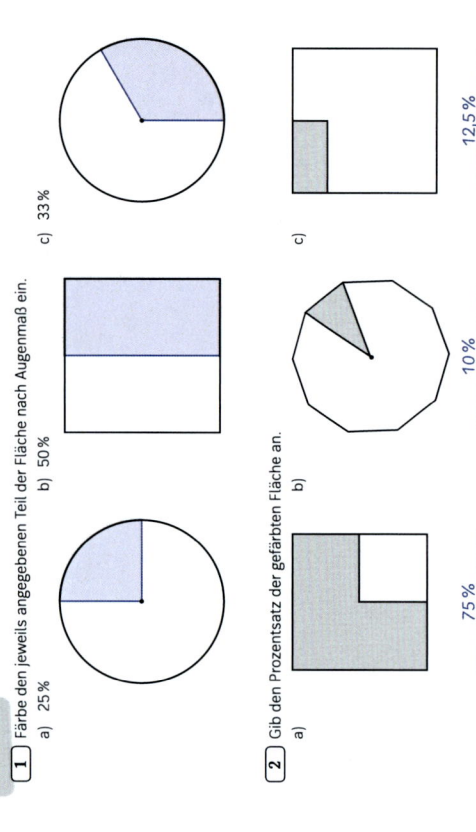

3 Fülle die Tabelle aus.

davon	50%	10%	90%	25%	33,3%	40%
330€	165€	33€	297€	82,50€	110€	132€
150kg	75kg	15kg	135kg	37,5kg	50kg	60kg
450km	225km	45km	405km	112,5km	150km	180km
90ml	45ml	9ml	81ml	22,5ml	30ml	36ml
510cm	255cm	51cm	459cm	127,5cm	170cm	204cm
1200kg	600kg	120kg	1080kg	300kg	400kg	480kg

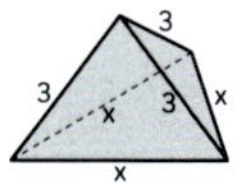

4 Gib die zugehörigen Anteile und Prozentsätze an.

$\frac{1}{10} = 10\%$

a) 45m von 300m $\frac{3}{20} = 15$ %

b) 70l von 210l $\frac{1}{3} = 33,\overline{3}$ % $\frac{2}{3} = 66,\overline{6}$ %

c) 400m² von 600m² $\frac{2}{5} = 40$ %

d) 250m von 2000m $\frac{1}{8} = 12,5$ %

e) 1000€ von 2500€

f) 20m² von 400m² $\frac{1}{20} = 5$ %

g) 760 Stimmen von 800 Stimmen $\frac{19}{20} = 95$ %

h) 891€ von 900€ $\frac{99}{100} = 99$ %

i) 22 Stimmen von 200 Stimmen $\frac{11}{100} = 11$ %

55€ von 550€

Terme 2

1 Gib einen Term für den Flächeninhalt und den Umfang der folgenden Figuren an.

a)

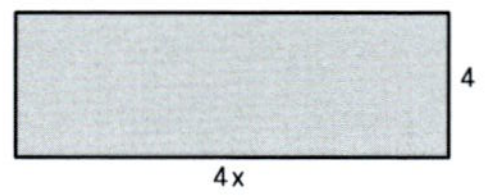

Flächeninhalt: _16x_

Umfang: _8x + 8_

b)

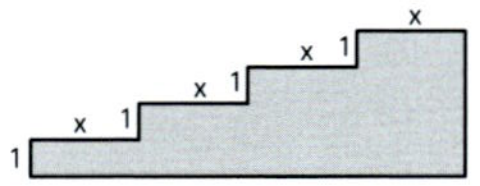

Flächeninhalt: _10x_

Umfang: _8x + 8_

2 Finde einen Term für den Flächeninhalt der nebenstehenden Figur.

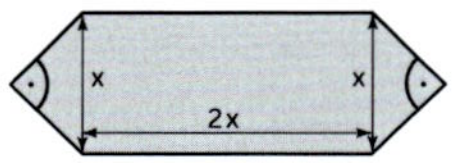

_2,5x²_

3 Es soll ein Kantenmodell aus Draht gebaut werden. Bestimme je einen Term, der die Mindestlänge des Drahtes angibt, den man zum Bau der Modelle benötigt.

a) Prisma   b) Pyramide   c) Pyramide auf Prisma

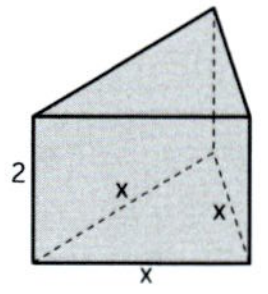

_6x + 6_   _3x + 9_   _6x + 15_

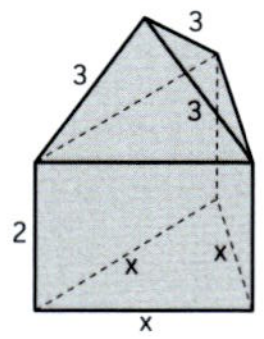

4 Die Zeichnung stellt das Netz eines Quaders dar. Finde je einen Term für die Oberfläche und das Volumen dieses Quaders.

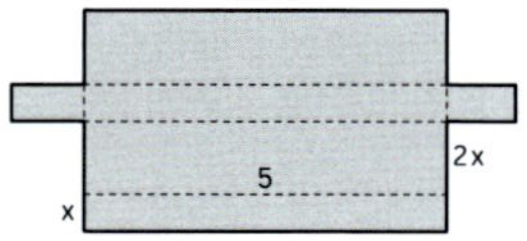

Oberfläche: _2(15x + 2x²)_

Volumen: _10x²_

5 Aus einem Quader sind Teile herausgefräst. Gib einen Term zur Berechnung des Volumens und der Oberfläche des Restkörpers an.

a)

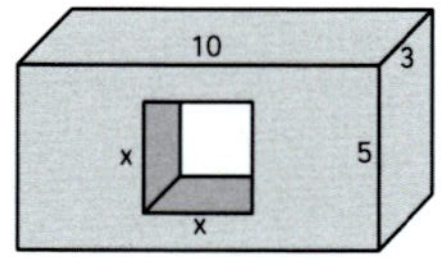

Volumen: _150 − 3x²_

Oberfläche: _190 + 12x − 2x²_

b)

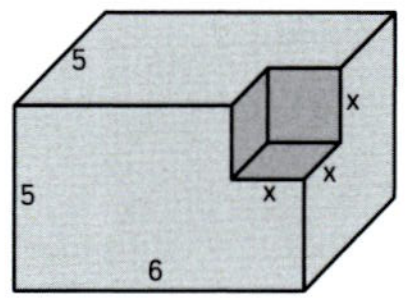

Volumen: _150 − x³_

Oberfläche: _170_

Was fällt auf? _Bei b) hängt die Oberfläche nicht von x ab._

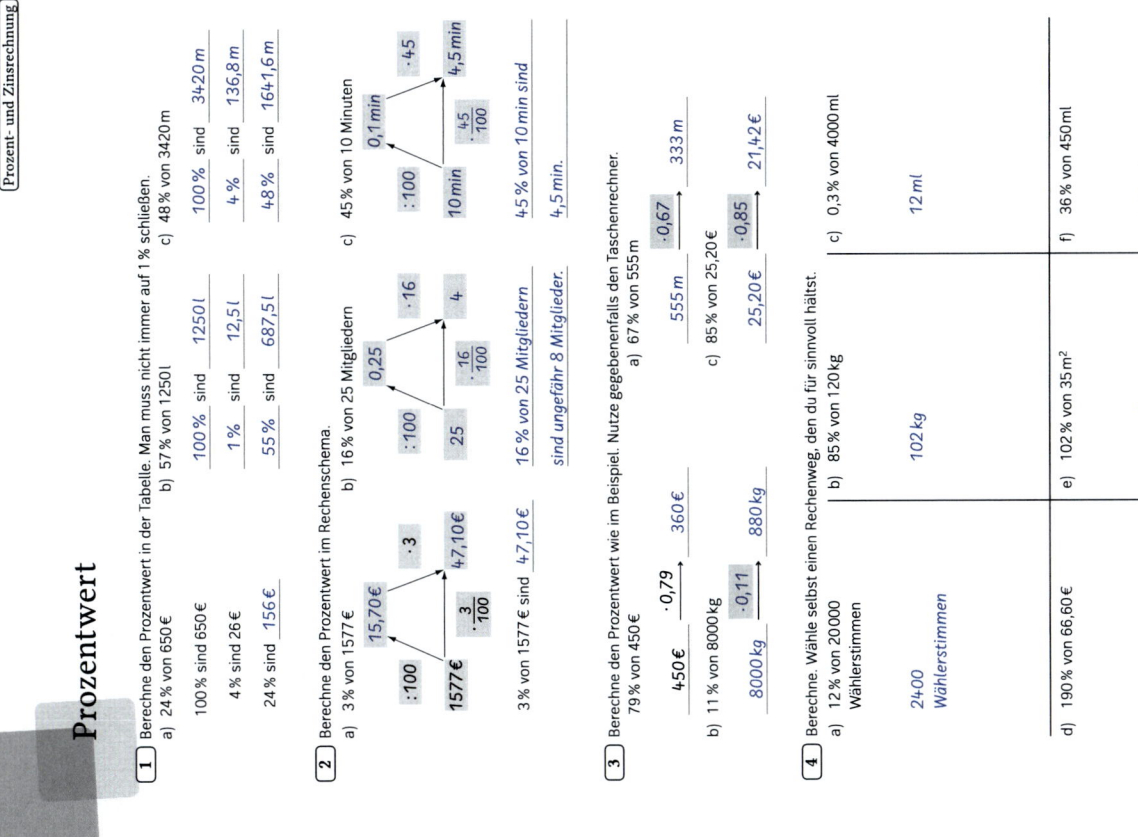

Prozentwert

1 Berechne den Prozentwert in der Tabelle. Man muss nicht immer auf 1 % schließen.

a) 24 % von 650 €

| 100 % sind 650 € |
| 4 % sind 26 € |
| 24 % sind 156 € |

b) 57 % von 1250 l

| 100 % sind 1250 l |
| 1 % sind 12,5 l |
| 55 % sind 687,5 l |

c) 48 % von 3420 m

| 100 % sind 3420 m |
| 4 % sind 136,8 m |
| 48 % sind 1641,6 m |

2 Berechne den Prozentwert im Rechenschema.

a) 3% von 1577 €

1577 € → :100 → 15,70 € → ·3 → 47,10 €

$1577 € \cdot \frac{3}{100}$

3% von 1577 € sind 47,10 €

b) 16 % von 25 Mitgliedern

25 → :100 → 0,25 → ·16 → 4

$25 \cdot \frac{16}{100}$

16 % von 25 Mitgliedern sind ungefähr 8 Mitglieder.

c) 45 % von 10 Minuten

10 min → :100 → 0,1 min → ·45 → 4,5 min

$10 min \cdot \frac{45}{100}$

45 % von 10 min sind 4,5 min.

3 Berechne den Prozentwert wie im Beispiel. Nutze gegebenenfalls den Taschenrechner.

79 % von 450 m

450 € → ·0,79 → 360 €

555 m → ·0,67 → 333 m

b) 11 % von 8000 kg

8000 kg → ·0,11 → 880 kg

a) 67 % von 555 m

c) 85 % von 25,20 €

25,20 € → ·0,85 → 21,42 €

4 Berechne. Wähle selbst einen Rechenweg, den du für sinnvoll hältst.

a) 12% von 20000 Wählerstimmen

2400 Wählerstimmen

b) 85 % von 120 kg

102 kg

c) 0,3% von 4000ml

12 ml

d) 190 % von 66,60 €

126,54 €

e) 102 % von 35 m²

35,7 m²

f) 36 % von 450ml

162 ml

Relativer Vergleich 2

1 Ordne zu.

a)
$\frac{1}{4}$ 12,5%
1   25%
0,2   133,3%
$\frac{1}{8}$ 100%
$\frac{4}{3}$ 20%

b)
1,7%   0,017
3,7%   0,17
0,37% $\frac{17}{1000}$
1,7%   0,037
17%   0,0037

c)
0,1% $\frac{1}{100000}$
10‰ $\frac{1}{1000000}$
0,01%   0,001
10ppm   0,0001
1ppm   0,01

2 Bestimme die Prozentsätze wie im Beispiel. Kürzen kann helfen.

$\frac{14}{35} = \frac{2}{5} = \frac{40}{100} = 40 \%$

b) $\frac{18}{150} = \frac{6}{50} = \frac{12}{100} = 12 \%$

a) $\frac{17}{170} = \frac{1}{10} = \frac{10}{100} = 10 \%$

c) $\frac{63}{70} = \frac{9}{10} = \frac{90}{100} = 90 \%$

d) $\frac{16}{320} = \frac{1}{20} = \frac{5}{100} = 5 \%$

e) $\frac{36}{144} = \frac{1}{4} = \frac{25}{100} = 25 \%$

f) $\frac{10}{125} = \frac{8}{100} = 8 \%$

g) $\frac{16}{80} = \frac{2}{10} = \frac{20}{100} = 20 \%$

3 Ein Fernseher kostet 1000€. Der Preis wird zweimal hintereinander um 20% erhöht. Wie viel kostet der Fernseher nach der zweiten Preiserhöhung? Mache zunächst einen Überschlag.

20 % von 1000 € sind 200 €
1200 € nach der ersten Erhöhung

20 % von 1200 € sind 240 €
1440 € nach der zweiten Erhöhung

Überschlag: 1400 €

Preis nach der ersten Erhöhung: 1200 €

Preis nach der zweiten Erhöhung: 1440 €

4 Für Überschlagsrechnungen im Kopf ist es häufig einfacher mit Anteilen zu rechen als mit Prozentangaben (51% ist ungefähr $\frac{1}{2}$). Ordne die Anteile den Prozentangaben zu.

1,9%	4,8%	8,4%	10,1%	11%	12,61%	14,3%	19,4%	25,3%	32%	49,1%
$\frac{1}{50}$	$\frac{1}{20}$	$\frac{1}{12}$	$\frac{1}{10}$	$\frac{1}{9}$	$\frac{1}{8}$	$\frac{1}{7}$	$\frac{1}{5}$	$\frac{1}{4}$	$\frac{1}{3}$	$\frac{1}{2}$

$\frac{1}{50}$ $\frac{1}{4}$ $\frac{1}{3}$ $\frac{1}{20}$ $\frac{1}{2}$ $\frac{1}{7}$ $\frac{1}{10}$ $\frac{1}{5}$ $\frac{1}{9}$ $\frac{1}{8}$ $\frac{1}{12}$

Grundwert

1 Berechne den Grundwert in der Tabelle. Man muss nicht immer auf 1 % schließen.

a) 45 % entsprechen 90€

45 %	sind	90€
5 %	sind	10€
100 %	sind	200€

b) 64 % entsprechen 2000ml

64 %	sind	2000ml
4 %	sind	125ml
100 %	sind	3125ml

c) 125 % entsprechen 550kg

125 %	sind	550kg
25 %	sind	110kg
100 %	sind	440kg

2 Berechne den Grundwert im Rechenschema.

a) Die Partei hat 7 % Mitglieder verloren. Das sind 630 Personen.

$$9000 \xleftarrow{:7} 630$$
$$\xrightarrow{\cdot 100}\ 90$$

Die Partei hatte _9000_ Mitglieder.

b) Der Preis wurde um 12 % gesenkt. Das sind 6,60€.

$$55€ \xleftarrow{:12} 6,60€$$
$$\frac{100}{12}$$
$$\xrightarrow{\cdot 100}\ 0,55€$$

Der Preis betrug vorher _55€._

c) Das Brett wurde um 56 % gekürzt. Das sind 49cm.

$$87,5\,cm \xleftarrow{:56} 49\,cm$$
$$\frac{100}{56}$$
$$\xrightarrow{\cdot 100}\ 0,875\,cm$$

Das Brett war vorher _70cm lang._

3 Vervollständige das Beispiel. Berechne die Grundwerte wie im Beispiel.
88 % entsprechen 1100l.

$$1250l \underset{:0,88}{\overset{\cdot 0,88}{\longleftrightarrow}} 1100l$$

a) 19 % entsprechen 627ml.

$$3300ml \underset{:0,19}{\overset{\cdot 0,19}{\longleftrightarrow}} 627ml$$

b) 101 % entsprechen 324,12€.

$$320,91€ \underset{:1,01}{\overset{\cdot 1,01}{\longleftrightarrow}} 324,12€$$

c) 63 % entsprechen 35,28m².

$$56\,m^2 \underset{:0,63}{\overset{\cdot 0,63}{\longleftrightarrow}} 35,28\,m^2$$

4 Bestimme den Grundwert. Wähle selbst einen Rechenweg, den du für sinnvoll hältst.

a) 12% einer Länge entsprechen 72cm.

_600cm_

b) Die Partei hat 6% ihrer Stimmen verloren. Das sind 3000.

50000 Stimmen

c) Peter hat seine Arbeitszeit um 35% überschritten. Das sind 14 Stunden.

40 Stunden

Vermehrter und verminderter Grundwert

1 Häufig sind die Prozentwerte verminderte oder vermehrte Grundwerte. Berechne.

a) Eine Hose kostet mit 19 % Mehrwertsteuer 47,60€. Wie viel kostet die Hose ohne Mehrwertsteuer?

Prozentsatz	Preis
119%	47,60€
1%	0,40€
100%	40€

Die Hose kostet 40€ ohne Mehrwertsteuer.

b) Im letzten Jahr stieg die Mitgliederzahl des Vereins um 12%. Er hat nun 560 Mitglieder. Wie viele Mitglieder hatte er vorher?

Prozentsatz	Mitgliederzahl
112%	560
2%	10
100%	500

Der Verein hatte vorher 500 Mitglieder.

c) In der Mediawelt-Meyer gibt es auf alle Fernseher 12 % Rabatt. Der Colorstar-760 kostet jetzt 429,76€. Wie viel kostet der Fernseher ohne Rabatt?

Prozentsatz	Preis
88 %	429,76 €
1 %	≈ 4,8836 €
100 %	≈ 488,36 €

Der Colorstar-760 kostete 488,36 €.

d) Beim Roman von Henriette Minkel sind im Preis 7% Mehrwertsteuer enthalten. Er kostet 14,98€. Wie viel kostet der Roman ohne Mehrwertsteuer?

Prozentsatz	Preis
107%	14,98€
1%	0,14€
100%	14€

Der Roman kostet 14 € ohne Mehrwertsteuer.

e) Im letzten Jahr ist der Preis für _Milli-Milch_ um 2,5 % gestiegen. Der Liter kostet jetzt 0,82€. Wie viel kostete der Liter _Milli-Milch_ vorher?

Prozentsatz	Preis
102,5 %	0,82 €
1 %	0,008 €
100 %	0,80 €

Der Liter kostete vorher 0,80 €.

f) In den letzten Tagen ist der Wasserspiegel um 24% gesunken. Er steht jetzt bei 2,47m. Wo stand der Wasserspiegel vorher?

Prozentsatz	Höhe
76 %	2,47 m
1 %	0,0325 m
100 %	3,25 m

Der Wasserspiegel stand bei 3,25 m.

2 Berechne aus den vermehrten oder verminderten Grundwerten die ursprünglichen Preise. Orientiere dich an dem Beispiel. Runde auf ganze Cent.
Der Preis ist um 17 % gestiegen. Er beträgt jetzt 22,50€.

$$\approx 19,23€ \underset{:1,17}{\overset{\cdot 1,17}{\longleftrightarrow}} 22,50€$$

a) Der Preis ist um 25 % gestiegen. Er beträgt jetzt 120€.

$$96€ \underset{:1,25}{\overset{\cdot 1,25}{\longleftrightarrow}} 120€$$

b) Der Preis beinhaltet 19 % Mehrwertsteuer. Er beträgt 3,99€.

$$\approx 3,35€ \underset{:1,19}{\overset{\cdot 1,19}{\longleftrightarrow}} 3,99€$$

3 Bestimme die Prozentsätze wie im Beispiel. Runde wie im Beispiel.
12 von 33€

$$\frac{12}{33} \approx 0,364 = 36,4\ \%$$

a) 18 von 123 Mitgliedern

$$\frac{18}{123} \approx 0,146 = 14,6\ \%$$

b) 7 von 97 Angestellten

$$\frac{7}{97} \approx 0,072 = 7,2\ \%$$

c) 55 € von 56€

$$\frac{55}{56} \approx 0,982 = 98,2\ \%$$

d) 47 von 233 Schülern

$$\frac{47}{233} \approx 0,202 = 20,2\ \%$$

e) 37 € von 33€

$$\frac{37}{33} \approx 1,121 = 112,1\ \%$$

Zinsen 1

1 Ergänze die Tabelle.

Zinssatz	2%	4%	3,5%	1,5%	2,7%	10%	8%	2,5%
Kapital								
45000€	900€	1800€	1350€	675€	1125€	4500€	3600€	1125€
3000€	60€	120€	90€	45€	75€	300€	240€	75€
17000€	340€	680€	510€	255€	425€	1700€	1360€	425€
6600€	132€	264€	198€	99€	165€	660€	528€	165€
11000€	220€	440€	330€	165€	275€	1100€	880€	275€

2 Harald möchte 12000€ bei einer Bank anlegen.

> **Angebot 1:**
> Die *Spar-Eifrig-Bank* bietet Harald 1% Jahreszins für die ersten 2000€ und 4% für den restlichen Betrag.

> **Angebot 2:**
> Die *Kundentreu-Bank* bietet ihm 3,5% Zinsen für das ganze Kapital.

a) Welches Angebot sollte Harald wählen, wenn er sein Geld für ein Jahr anlegen möchte?

Angebot 1: 12420€; Angebot 2: 12420€; Es ist egal.

b) Welches Angebot sollte Harald wählen, wenn er sein Geld für mehr als ein Jahr anlegen möchte?

2 Jahre: Ang. 1: 12856,80€; Ang. 2: 12854,70€; Harald sollte Angebot 1 wählen.

3 Marianne und Michael Grünberg möchten ein Haus bauen. Für die Zinsen des Baukredits können sie pro Jahr maximal 7000€ aufbringen. Die Vertragsbedingungen weisen einen Zinssatz von 5,6% Zinsen aus.

a) Wie hoch kann die Kreditsumme höchstens sein?

Die Kreditsumme kann höchstens 125000€ betragen.

b) Von den 7000€ sollen bereits 2100€ für die Abzahlung des Kredits in ersten Jahr zur Verfügung stehen. Wie hoch darf die Kreditsumme bei obigem Zinssatz jetzt sein?

Die Kreditsumme kann höchstens 87500€ betragen.

4 Familie Dieterle hat 35000€ geerbt. Sie legen das Geld bei einer Bank zu einem Zinssatz von 4,5% an.

a) Untersuche, wie sich das Kapital in den nächsten 4 Jahren entwickelt. Runde auf ganze Cent.

Jahre	1	2	3	4
Kapital	36575€	38220,88€	39940,81€	41738,15€

b) Wie entwickelt sich das Kapital, wenn die Familie am Jahresende jeweils 500€ abhebt?

Jahre	1	2	3	4
Kapital	36075€	37198,38€	38372,30€	39599,06€

c) Wie entwickelt sich das Kapital, wenn die Familie am Jahresanfang jeweils 500€ abhebt?

Jahre	1	2	3	4
Kapital	36052,50€	37152,36€	38301,72€	39502,80€

Vermischtes 1

1 a) 693 Jungen besuchen das Johannes-von-Bückler-Gymnasium. Ihr Anteil an der Gesamtschülerzahl beträgt 55%. Wie viele Schülerinnen und Schüler hat das Gymnasium? 1260

b) Ungefähr 11,5% aller Schülerinnen und Schüler besuchen die Jahrgangsstufe 12.
Wie viele sind das? 145

c) Die AG „Statistische Daten" untersucht an einem Schultag, welche Verkehrsmittel die Schüler auf ihrem Schulweg benutzt haben. Sie kam zu den folgenden Ergebnissen:
(1) 819 Schüler kamen mit dem Schulbus, (2) 290 Schüler kamen mit dem Fahrrad,
(3) 63 Schüler kamen mit dem Moped, (4) alle anderen kamen zu Fuß.
Gib die Anteile in Prozent an.
(1) 65% (2) 23% (3) 5% (4) 7%

2 a) Gebrauchtwagenhändler Ehrlichmann lockt mit seinem Angebot. Was kostete der Wagen vor der Preissenkung?
13070,93€

b) Vor zwei Wochen hat er ein Auto für 9400€ gekauft. Heute konnte er es für 10105€ verkaufen.
Wie viel Prozent beträgt sein Gewinn? 7,5%

c) Bei Ratenzahlung fordert Herr Ehrlichmann einen Preisaufschlag von 8,5%. Das Fahrzeug kostet dann 15624€. Wie viel kostet es, wenn gleich der volle Preis bezahlt wird?
14400€

d) Der Listenpreis eines Autos beträgt 19025€. Herr Ehrlichmann überlässt ihn einem Kunden für 16742€. Wie viel Prozent beträgt der Preisnachlass?
12%

3 Zum Jahrestag ihres Kennenlernens führt Hans Stent seine Freundin in ein nobles Restaurant. Nach einem ausgiebigen Essen, verlangt er die Rechnung. Beim Verlassen des Lokals meint die Freundin spitz: „Die Kellnerin hat dir ja gut gefallen, wenn du ihr 12,74€ Trinkgeld gibst." „Dafür werden wir das nächste Mal wieder gut bedient", antwortet Hans, „denn es waren genau 14,6% Trinkgeld."

a) Wie hoch war die Rechnung? 87,26€

b) Wie viel Geld hat Hans der Kellnerin insgesamt gegeben? 100€

4 a) Herr Schmidt hat sich einen neuen Ölbrenner einbauen lassen. Diese Investition hat sich wohl gelohnt, denn sein Ölverbrauch ist von 4236l im letzten Jahr auf 37071 zurückgegangen.
Um wie viel Prozent wurde der Verbrauch gesenkt? 12,5%

b) „Ab dem nächsten Monat soll mein Gehalt um 4,2% erhöht werden", berichtet Herr Schmidt seiner Frau, „damit habe ich endlich die 4000-€-Grenze überschritten und verdiene 4037,75€."
Wie hoch war sein Gehalt vor der Erhöhung? 3875€

c) „Wenn Sie die Reparatur bis zum 31.7. durchführen lassen und unverzüglich bezahlen, können Sie vom Rechnungsbetrag 4% abziehen", lockt die Dachdeckerfirma ALLES DICHT. Als Herr Schmidt die Rechnung erhält, sieht er, dass er auf den Rechnungsbetrag noch 19% Mehrwertsteuer aufgeschlagen wurde. Er zieht vom Gesamtbetrag 4% ab und überweist 998,46€. Wie hoch war die Rechnung ohne Mehrwertsteuer? 998,46€ : 0,96 : 1,19 = 874€

Vermischtes 2

1 Für zwei Werbewochen senkt ein Geschäft die Preise zunächst um 25%. Danach setzt es die Preise für die Aktion um 25% wieder herauf.

a) Ein Artikel kostete ursprünglich 164,80€. Wie viel kostete er in den Werbewochen, wie viel nach den Werbewochen?

In den Werbewochen: _Der Artikel kostet 123,60€._

Nach den Werbewochen: _Der Artikel kostet 154,50€._

b) Um wie viel Prozent hat sich der Preis insgesamt geändert?

Der Preis ist um 6,25% gesunken.

2 Nuss-Nougat-Creme besteht zu ca. 33% aus Fett, zu ca. 55% aus Kohlenhydraten und zu ca. 8% aus Eiweiß. 4% sind sonstige Bestandteile.

a) Berechne die ungefähren Mengen in einem 800g Glas.

264 g Fett   440 g Kohlenhydrate   64 g Eiweiß   32 g sonstige Bestandteile

b) Leopold liebt Nuss-Nougat-Creme. Er weiß aber auch, dass man täglich pro etwa 60g Fett zu sich nehmen soll. Wie viel Creme darf Leopold pro Tag essen, wenn er höchstens $\frac{1}{4}$ seines Fettbedarfs mit Nuss-Nougat-Creme decken möchte? Wie lange reicht dann sein 800-g-Glas?

Er darf höchstens 45,45 g Nuss-Nougat-Creme pro Tag essen.

Ein 800-g-Glas reicht für fast 18 Tage.

3 Alexander kauft im April beim Händler Herrmann Tech einen Computer für 420€. Dieser hätte im Februar noch 525€ gekostet. Herrmann Tech hat im Großhandel 315€ bezahlt.

Welche Aussagen sind richtig? Finde das Lösungswort.	richtig	falsch
„Der Preis des Computers wurde zum April um 20% gesenkt."	R	U
„Erhöht der Händler den neuen Preis um 20%, so erhält man wieder 525€."	T	O
„Von den 420€ kann Herrmann Tech 33,3% als Gewinn verbuchen."	I	T
„Der neue Preis beträgt 80% des alten Preises."	E	A
„Herrmann Tech hat den Computer 33,3% über seinem Einkaufspreis verkauft."	S	M
„Der Preis im Februar beträgt 125% des neuen Preises."	O	N
„Hätte Herrmann Tech den Computer für 525€ verkauft, so hätte sein Gewinn über 50% des Verkaufspreises gelegen."	A	M

Lösungswort der richtigen Aussagen: ROSE

4 In einer Klasse haben 12 Schüler blaue Augen, 20% aller Schüler haben braune Augen, 40% aller Schüler haben weder blaue noch braune Augen. Die Hälfte aller Mädchen trägt eine Brille, 6 Jungen sind Einzelkinder, 60% aller Schüler sind Mädchen, in der Klasse sind 12 Brillenträger, $\frac{1}{3}$ aller Schüler sind Einzelkinder.

a) Wie viele Schüler sind in der Klasse? _Es sind 30 Schüler in der Klasse._

b) Wie viele Mädchen bzw. Jungen sind in der Klasse? _Es sind 18 Mädchen und 12 Jungen in der Klasse._

c) Wie viel Prozent der Jungen tragen eine Bille? _25% der Jungen tragen eine Brille._

d) Wie viel Prozent der Mädchen sind Einzelkinder? _Es sind 22,2% der Mädchen Einzelkinder._

Zinsen 2

1 Verzinse jährlich mit dem angegebenen Zinssatz. Brich die Rechnung ab, wenn sich das Kapital ungefähr verdoppelt hat. Trage die Verdopplungszeit in die Tabelle ein.

a) Kapital 1000€ Zinssatz 8%   b) Kapital 2000€ Zinssatz 8%   c) Kapital 500€ Zinssatz 4%

d) Kapital 700€ Zinssatz 7%   e) Kapital 1000€ Zinssatz 9%   f) Kapital 500€ Zinssatz 3%

	a)	b)	c)	d)	e)	f)
Zinssatz	8%	8%	4%	7%	9%	3%
Verdopplungszeit	ca. 9 Jahre	ca. 9 Jahre	ca. 18 Jahre	ca. 10 Jahre	ca. 8 Jahre	ca. 23–24 Jahre

2 Berechne das Kapital nach mehreren Jahren. Runde auf volle Cent-Beträge.

a) Ein Kapital von 4000€ wird 3 Jahre mit einem Prozentsatz von 5% verzinst.

$$4000€ \xrightarrow{\cdot 1{,}05^3} 4630{,}50€$$

Ein Kapital von 3600€ wird 5 Jahre mit einem Zinssatz von 3% verzinst.

$$3600€ \xrightarrow{\cdot 1{,}03^5} 4173{,}39€$$

b) Ein Kapital von 1000€ wird 7 Jahre mit einem Zinssatz von 4,5% verzinst.

$$1000€ \xrightarrow{\cdot 1{,}045^7} 1360{,}86€$$

3 Ein Kapital wurde 6 Jahre mit einem Zinssatz von 4% verzinst. Es sind nun 11 111€ vorhanden. Welches Kapital wurde angelegt?

$$8781{,}18€ \xrightarrow{\cdot 1{,}04^6} 11111€$$
$$11111€ \xrightarrow{\,:1{,}04^6} 8781{,}18€$$

Es wurde ein Kapital von 8781,18€ angelegt.

4 Ergänze die Lücken in den Tabellen. Der Jahreszinssatz gilt jeweils für die ganze Tabelle.

a) Zinssatz 4%

Zeit / Kapital	¼ Jahr	2 Monate	7 Monate
15000€	150€	100€	350€
7500€	75€	50€	175€
1200€	12€	8€	28€

b) Zinssatz 3%

Zeit / Kapital	⅓ Jahr	10 Monate	1 Monat
4800€	48€	120€	12€
2000€	20€	50€	5€
1750€	17,50€	43,75€	≈ 4,38€

c) Zinssatz 1,8%

Zeit / Kapital	10 Tage	15 Tage	60 Tage
10000€	5€	7,50€	30€
20000€	10€	15€	60€
4400€	2,20€	3,30€	13,20€

d) Zinssatz 2%

Zeit / Kapital	1 Tag	9 Tage	2 Monate
7500€	≈ 0,42€	3,75€	25€
9000€	0,50€	4,50€	30€
1500€	≈ 0,08€	0,75€	5€

Vermischtes 3

1 Frau Ruppig und der Ladenbesitzer Herr Friedbert haben Streit. Frau Ruppig möchte eine Bohrmaschine kaufen. Diese ist mit 180€ ausgezeichnet. Hinzu kommen noch 19% Mehrwertsteuer. Da die Maschine am Gehäuse eine kleine Beschädigung hat, will Herr Friedbert 25% Rabatt geben. Herr Friedbert zieht zuerst 25% ab und berechnet dann den Preis mit Mehrwertsteuer. Frau Ruppig verlangt, dass er umgekehrt vorgeht. Was meinst du dazu?

Herr Friedberts Rechenweg		Frau Ruppigs Rechenweg	
Preis nach Rabatt	**Preis mit Mehrwertsteuer**	**Preis mit Mehrwertsteuer**	**Preis nach Rabatt**
135€	160,65€	214,20€	160,65€

Der Streit ist nicht nötig. Es ist egal, wie man vorgeht.

2 Familie Petersen besitzt ein Grundstück.
Es hat eine Länge von 30m und eine Breite von 40m. Durch den Ausbau zweier Straßen wird das Grundstück um 10% kürzer und um 15% schmaler.

a) Berechne die neuen Seitenlängen des Grundstücks. _27 m, 34 m_

b) Zeichne das ursprüngliche Grundstück auf der rechten Seite. Zeichne die neuen Grundstücksgrenzen ein.

c) Um wie viel Prozent ist die Fläche des Grundstücks kleiner geworden? _23,5 %_

d) Markiere anhand der Zeichnung, warum das Grundstück um weniger als 15 % + 10 % = 25 % kleiner geworden ist.

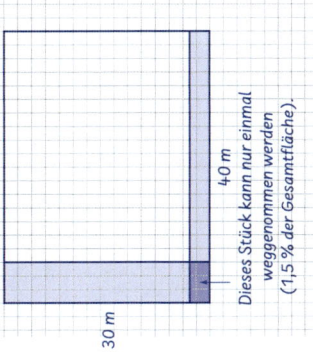

_10 m_   _30 m_   _40 m_

Dieses Stück kann nur einmal weggenommen werden (1,5 % der Gesamtfläche).

3 Frau Kleingeld verdient im Moment 2500€ im Monat. Ihr Chef ist mit ihrer Arbeit mehr als zufrieden, deshalb bietet er ihr als Gehaltserhöhung zwei Angebote zur Auswahl.
Angebot 1: Das Monatsgehalt steigt in den nächsten 3 Jahren zu Jahresbeginn um jeweils 270€.
Angebot 2: Das Monatsgehalt steigt in den nächsten 3 Jahren zu Jahresbeginn um jeweils 10%.
Welches Angebot ist langfristig für Frau Kleingeld lohnender?

Angebot 1: 3310€; Angebot 2: 3327,50€; Angebot 2 ist langfristig lohnender.

4 Nach einer Preissenkung um 8% verkauft ein Warenhaus seine Artikel für unten stehende Preise. Berechne jeweils den ursprünglichen Preis. Runde auf ganze Cent.

neuer Preis	45,90€	137,50€	257€	17,80€	89,90€	2,38€	78,30€
alter Preis	≈49,89€	≈149,46€	≈279,35€	≈19,35€	≈97,72€	≈2,59€	≈85,11€

Vermischtes 4

1 Hannes kauft im Computerfachgeschäft von Herrn Bit einen Computer, der bereits ein halbes Jahr alt ist. Herr Bit gewährt Hannes deshalb 20% Rabatt. Da Hannes aber nicht genug Geld hat, lässt sich Herr Bit auf eine Ratenzahlung ein, für die er aber einen Aufschlag von 5% verlangt. Hannes bezahlt nun insgesamt 840€.

a) Wie viel hätte Hannes bezahlen müssen, wenn er nicht auf die Ratenzahlung angewiesen wäre?

$840€ : 1,05 = 800€$
Hannes hätte 800€ bezahlen müssen.

b) Wie viel hat der Computer vor der Preissenkung gekostet?

$800€ : 0,8 = 1000€$
*Der Computer hat vor der Preissenkung
1000€ gekostet.*

c) Wie viel Prozent hat Hannes trotz seiner Ratenzahlung gespart?

$\frac{160}{1000} = 16\%$. *Hannes hat 16% gespart.*

2 Reiner Apfelsaft soll im Verhältnis 2 zu 3 zu Apfelschorle verdünnt werden. Die Firma Bertram möchte 10000 l Apfelschorle herstellen. Wie viel Apfelsaft muss sie im Großhandel einkaufen?

$\frac{2}{5} \cdot 10000\,l = 4000\,l$. *Die Firma Bertram muss 4000 l Apfelsaft einkaufen.*

3 Henriette ist gerade 13 Jahre alt und hat 2000€ von ihrem Lieblingsonkel geschenkt bekommen. Die Bank bietet 4% Zinsen. Zu ihrem 18. Geburtstag möchte sie 2200€ für ihren Führerschein zur Verfügung haben.

a) Wie viel Geld muss Henriette jetzt mindestens anlegen, um ihr Sparziel zu erreichen?

$2200€ : 1,04^5 \approx 1808,24€$

Antwort: *Henriette muss mindestens 1808,24€ anlegen.*

b) Welchen Anteil ihres Geschenks kann Henriette dann trotzdem noch im Sommerurlaub verjubeln?

$\frac{191,76}{2000} \approx 9,59\%$. *Henriette kann ungefähr 9,59% des Geschenks verjubeln.*

4 Siegfried hat 16000€ bei einer Bank angelegt. Bereits nach 4 Monaten hat er es sich anders überlegt und lässt sich sein Geld mit Zinsen wieder auszahlen. Er erhält 16 160€. Welchen Jahreszinssatz hat die Bank bezahlt?

$\frac{3 \cdot 160€}{16000€} = 3\%$. *Die Bank hat einen Zinssatz von 3% bezahlt.*

5 Petra Pasulke bezahlte ursprünglich 250€ Miete für ihr Studentenzimmer, nun ist sie sauer. In ihrem Mietvertrag steht, dass ihr Vermieter Karl Reibach die Miete in drei Jahren um maximal 15% erhöhen darf. Herr Reibach hat die Miete im ersten, zweiten und dritten Jahr um jeweils 5% erhöht.

a) Wie viel Miete muss sie jetzt zahlen? *Sie muss jetzt etwa 289,41€ Miete zahlen.*

b) Hat sich der Vermieter an den Mietvertrag gehalten? *Nein, die Obergrenze liegt bei 287,50€.*

Achsenspiegelung

1 Spiegle das Dreieck der Achse g und das Viereck an der Achse h.

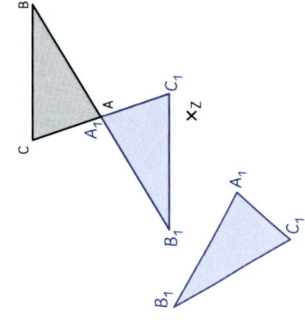

2 a) Der grüne Buchstabe wurde durch eine Achsenspiegelung abgebildet. Zeichne die Spiegelachse ein.

b) Zeichne Punkt und Bildpunkt ein und die zugehörige Spiegelachse.
P(6|0), P'(2|8), Q(15|8), Q'(8|11), R(1|4), R'(16|4).

3 a) Wie muss man die Figur spiegeln, damit ein aufrechtes, auf der Linie stehendes F entsteht?

b) Billard: Die weiße Kugel soll so gestoßen werden, dass sie (1) die untere Bande, (2) die linke Bande, (3) die untere und linke Bande und dann die grüne Kugel berührt.

Drehung

1 a) Drehe das Dreieck ABC
(1) um Z um 120°,
(2) um A um 180°.

b) Bestimme das Bild der Strecke $\overline{AB}$ mit A(6,5|0,5) und B(7|3) bei einer Drehung
(1) um Z(4|0) um 95°,
(2) um P(4,5|2) um 180°.

2 Die Strecke $\overline{AB}$ wurde dreimal gedreht.
(1) $\overline{AB}$ auf $\overline{CD}$
(2) $\overline{AB}$ auf $\overline{EF}$
(3) $\overline{AB}$ auf $\overline{GH}$
Welche Angaben gehören zu welcher Abbildung?
(A) Zentrum: P(5|4), Winkel: $\alpha = 200°$
(B) Zentrum: Q(5,5|1,5), Winkel: $\beta = 130°$
(C) Zentrum: R(4|3,5), Winkel: $\gamma = 180°$

(1) _(B)_   (2) _(C)_   (3) _(A)_

3 a) Bestimme das Drehzentrum. Gib auch den Drehwinkel an.

Drehwinkel: _150°_

b) Bestimme das Drehzentrum und den Drehwinkel.

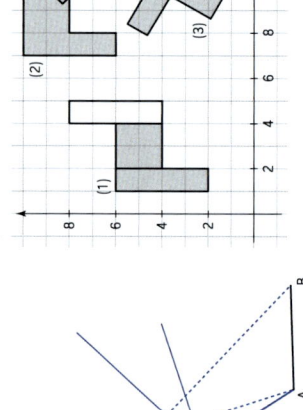
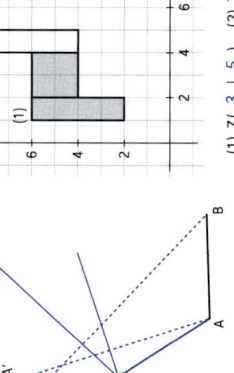
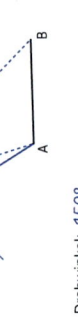
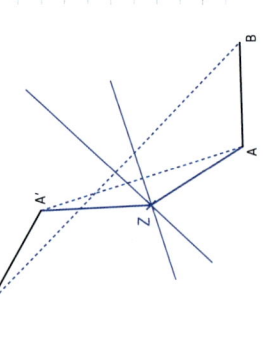

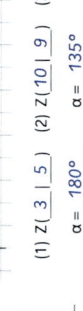
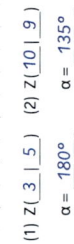
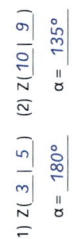

(1) Z(3 | 5)   α = _180°_
(2) Z(10 | 9)   α = _135°_
(3) Z(11 | 4)   α = _240°_

Verkettung 1

1 Doppelspiegelung: Spiegle die Figur zunächst an g, dann an h. Entscheide, bevor du zeichnest: Durch welche Abbildung kannst du die Doppelspiegelung ersetzen?

a) Ersatzabbildung: *Verschiebung um den doppelten Abstand der beiden Geraden zueinander*

b) Ersatzabbildung: *Punktspiegelung an S*

c) Ersatzabbildung: *Drehung um S um 130°*

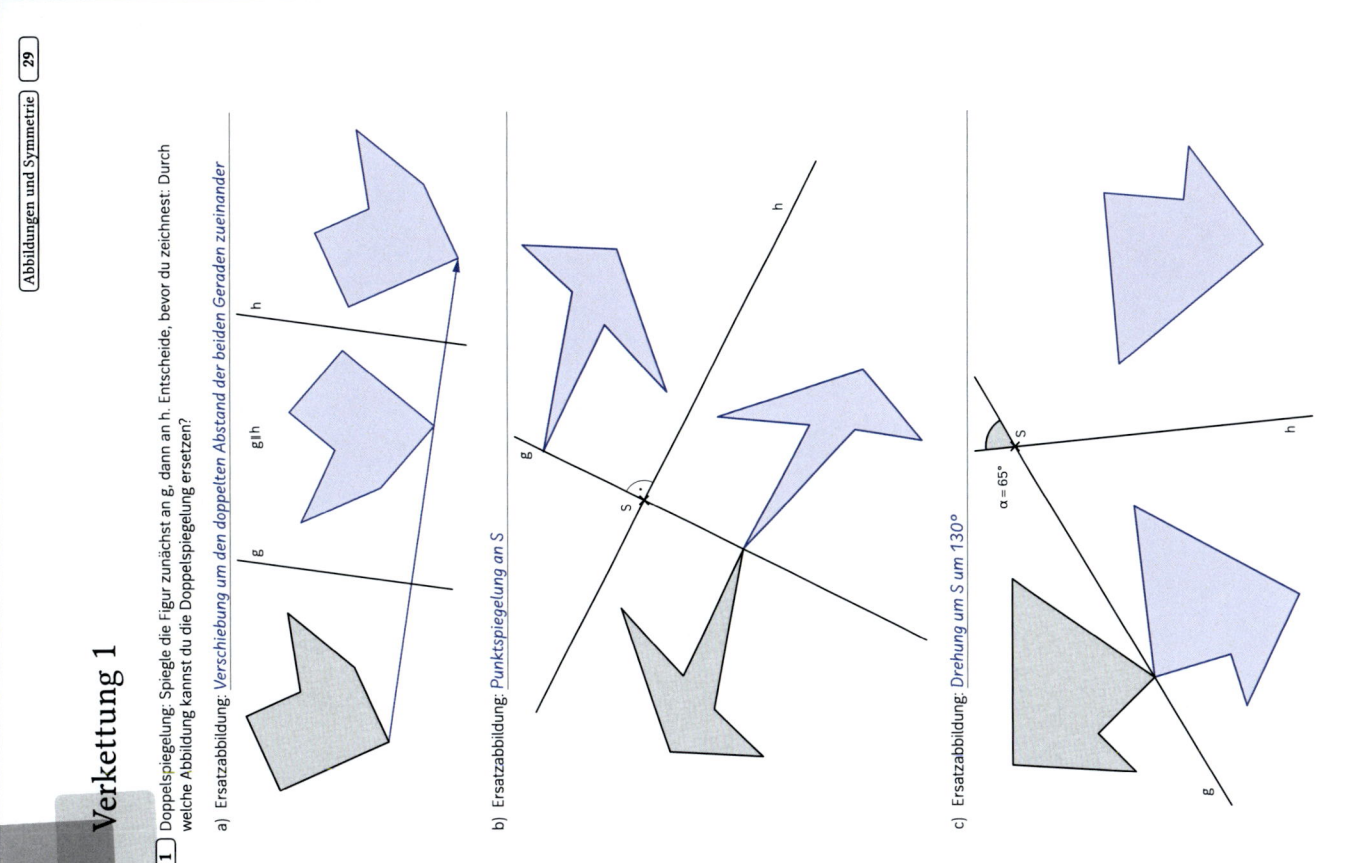

$\alpha = 65°$

Verschiebung

1 Verschiebe die Figur so, wie der Pfeil es angibt.

2 Welche Dreiecke lassen sich durch eine Verschiebung aufeinander abbilden?

1 und 10   2 und 13   3 und 7

4 und 11   5 und 9   6 und 14

Welche Dreiecke haben keinen Partner? 8 und 12

3 a) Zeichne das Viereck ABCD mit A(1|4); B(4,5|4);
C(3,5|4,5); D(4,5|5,5). Verschiebe dann das
Viereck wie der Pfeil es angibt.

b) Das Dreieck A'B'C' wurde genauso abgebildet
wie die Strecke PQ. Finde das ursprüngliche
Dreieck ABC.

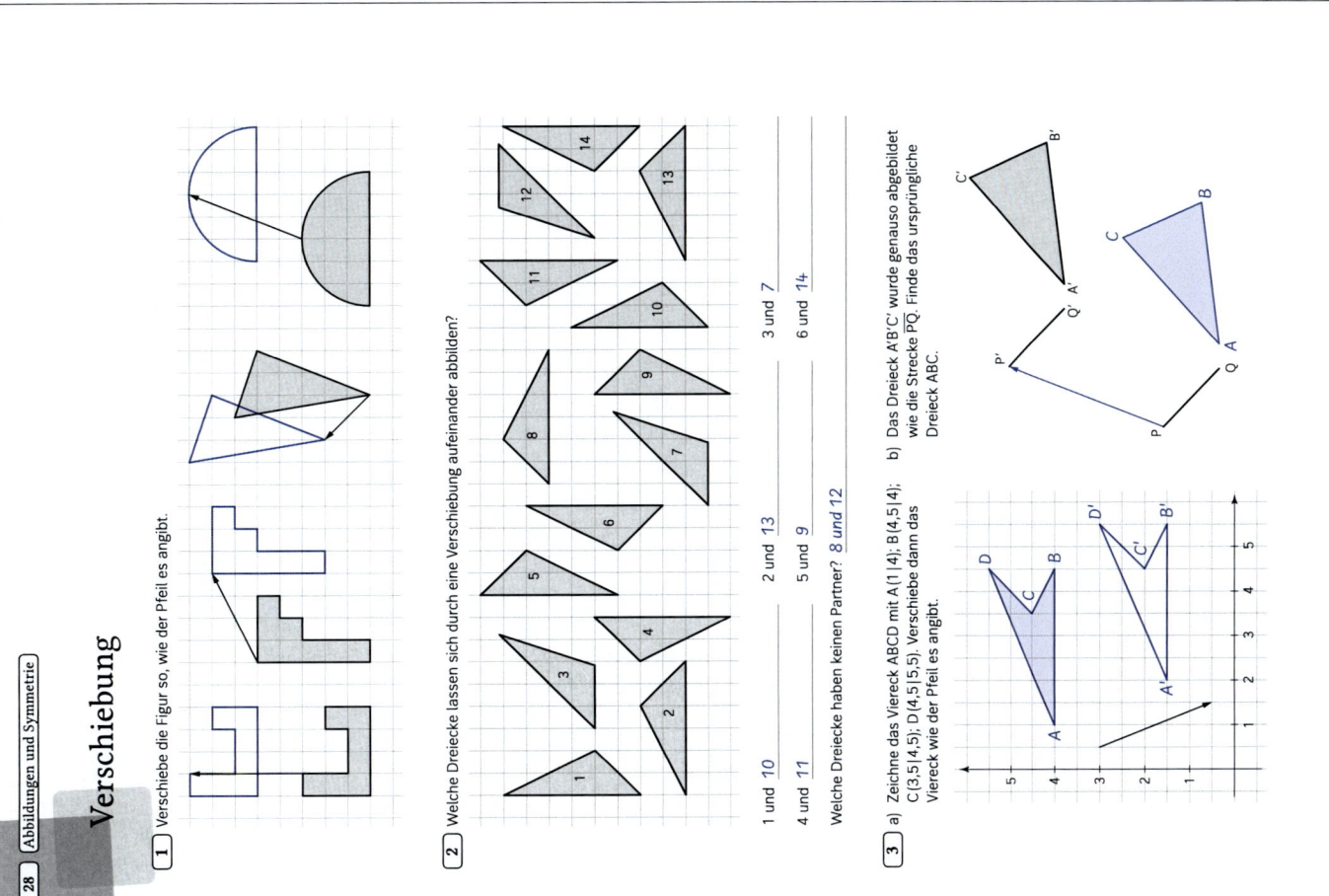

Verkettung 3

1 Rechtwinkliges Dreieck.
Das schwarze Dreieck wurde auf das grüne Dreieck abgebildet. Gib zwei mögliche Abbildungen an, wie man vom schwarzen zum grünen Dreieck gelangen kann.

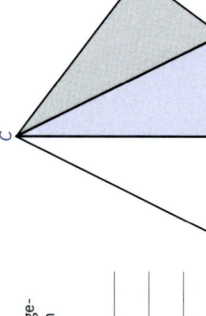

Spiegelung an BC, dann an A'C.

Drehung um C um 61°

2 Gleichseitiges Dreieck.

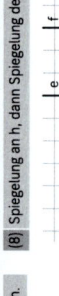

a) Spiegle das gleichseitige Dreieck ABC zuerst an m_a, danach das Bild an m_b. Durch welche Abbildung hättest du diese Doppelspiegelung ersetzen können?

Drehung um M um 240°

b) Welche der Verkettungen stimmen mit der in Aufgabenteil a) überein?
(1) Spiegeln an m_c, dann das Bild an m_a
(2) Spiegeln an m_b, dann das Bild an m_a
(3) Spiegeln an m_a, dann das Bild an m_c

Verkettung (1)

3 Welche Verkettung und Ersatzabbildung gehört zusammen? Eine Ersatzabbildung benötigst du zweimal.

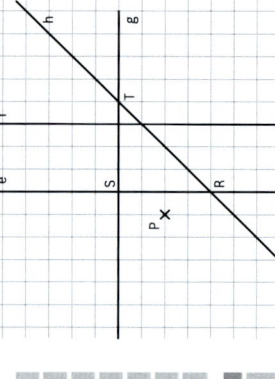

Verkettung:
(1) Spiegelung an e, dann Spiegelung des Bildes an f.
(2) Spiegelung an f, dann Spiegelung des Bildes an e.
(3) Spiegelung an e, dann Spiegelung des Bildes an g.
(4) Spiegelung an g, dann Spiegelung des Bildes an e.
(5) Spiegelung an e, dann Spiegelung des Bildes an h.
(6) Spiegelung an h, dann Spiegelung des Bildes an e.
(7) Spiegelung an g, dann Spiegelung des Bildes an h.
(8) Spiegelung an h, dann Spiegelung des Bildes an g.

Ersatzabbildung:
(A) Drehung um R um 270°
(B) Punktspiegelung an S
(C) Verschiebung um 6 nach links
(D) Drehung um T um 90°
(E) Drehung um R um 90°
(F) Verschiebung um 6 nach rechts
(G) Drehung um T um 270°

(1)	(2)	(3)	(4)	(5)	(6)	(7)	(8)
c)	b)	b)	b)	a)	e)	d)	g)
f)							

Verkettung 2

1 a) Spiegle das untere Dreieck zuerst an der Geraden g, dann das Bilddreieck an h.
b) Spiegle das obere Dreieck zuerst an der Geraden h, dann das Bilddreieck an g.

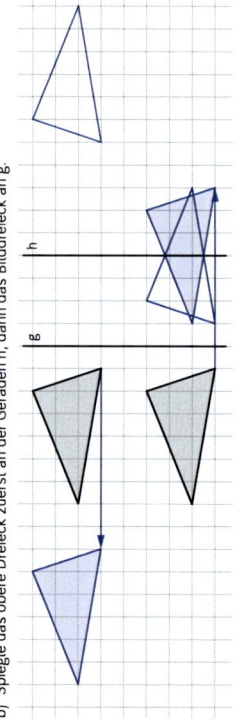

Ersatzabbildung: a) *Verschiebung um 8 nach rechts.*   b) *Verschiebung um 8 nach links.*

2 a) Spiegle Dreieck zuerst an der Geraden g, dann das Bilddreieck an h.
b) Spiegle Dreieck zuerst an der Geraden h, dann das Bilddreieck an g.

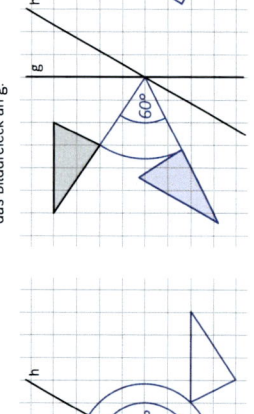

Ersatzabbildung: *Drehung um Achsenschnittpunkt um 300°*

Ersatzabbildung: *Drehung um Achsenschnittpunkt um 60°*

3 Gib zunächst die Ersatzabbildung an, führe dann die Spiegelungen durch.
a) Spiegle erst an g, dann das Bild an h.
b) Spiegle erst an h, dann das Bild an g.

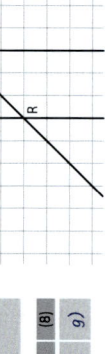

Drehung um 240°

Drehung um 120°

Symmetrie bei Vielecken

1 Trage das Viereck in das Koordinatensystem ein. Um welches Viereck handelt es sich? Zeichne gegebenenfalls Symmetrieachsen ein.

a) A(1|1); B(5|4); C(9|11); D(5|8) *Parallelogramm*

b) E(9|0); F(11|0); G(11|12); H(9|9) *Trapez*

c) K(6|7); L(13|6); M(8|11); N(1|12) *Raute*

d) P(8|0); Q(6|4); R(10|6); S(0|6) *Drachenviereck*

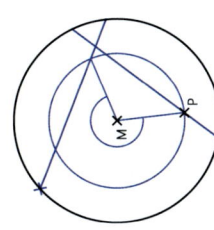

2 Zerlege eine Raute in

(1) zwei Drachenvierecke, (2) vier Rauten, (3) eine Raute und zwei Trapeze.

3 Um welche Vierecke handelt es sich.

Kreuze an:	Quadrat	Rechteck	Raute	Parallelogramm	Drachenviereck	Trapez	Gleichschenk. Trapez
Ihre Diagonalen halbieren sich	X	X	X	X			
Sie haben genau 2 Symmetrieachsen	X	X	X				
Die Diagonalen stehen senkrecht zueinander	X		X		X		
Sie sind punktsymmetrisch	X	X	X	X			
Beide Diagonalen sind Symmetrieachsen	X		X				
Sie haben genau eine Symmetrieachse					X		X
Ihre Eckpunkte liegen auf einem Kreis	X	X					X
Sie haben 2 parallele Seiten	X	X	X	X		X	X
Sie haben 4 gleich lange Seiten	X		X				

4 Zeichne eine Raute, bei der der ein Winkel halb so groß ist wie der andere. Welche besondere Eigenschaft hat sie?

Eine Diagonale ist so lang wie die Seite.

Die Raute besteht aus zwei gleichseitigen Dreiecken.

Abbildungen kreuz und quer

1 Konstruiere eine 4cm lange Sehne des Kreises, die durch P geht.

Tipp: Zeichne zuerst eine beliebige 4cm lange Sehne ein.

2 A-Stadt und B-Dorf liegen auf verschiedenen Seiten des Flusses. Wo muss man senkrecht über den Fluss eine Brücke bauen, so dass der Weg von A-Stadt nach B-Dorf möglichst kurz wird.

Tipp.

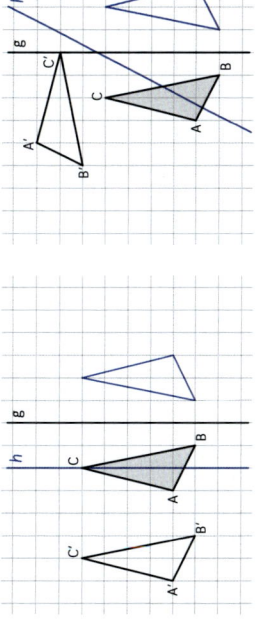

Der Streckenzug BPQA ist genauso lang wie der Streckenzug BQ'QA.

3 Das Dreieck ABC wird an der Gerade g gespiegelt, das Bild an einer zweiten Geraden h gespiegelt, so dass man als letztes Bild Dreieck A'B'C' erhält. Zeichne diese zweite Gerade ein.

4 Geheimschrift

Anordnung und Betrag an der Zahlengeraden

1 Trage die Zahlen auf der Zahlengeraden ein: $-\frac{1}{8}$; 2,1; $-0,75$; $-\frac{3}{2}$; $\frac{3}{4}$; -3; $-\frac{33}{10}$

(Zahlengerade mit Einträgen: $-\frac{33}{10}$, -3, $-\frac{3}{2}$, $-0,75$, $-\frac{10}{8}$, $-\frac{1}{8}$, 1, $1\frac{3}{4}$, 2,1)

2 Ergänze.

Zahl	8,5	2,6	1,8 oder $-1,8$	$-\frac{3}{5}$	0	$-0,04$	$\frac{3}{8}$	$\frac{1}{3}$ oder $-\frac{1}{3}$
Betrag	8,5	2,6	1,8	$\frac{3}{5}$	0	0,04	$\frac{3}{8}$	$\frac{1}{3}$
Spiegelzahl	$-8,5$	$-2,6$	$-1,8$ oder 1,8	$\frac{3}{5}$	0	0,04	$-\frac{3}{8}$	$-\frac{1}{3}$ oder $\frac{1}{3}$

3 a) Ordne die Zahlen der Größe nach (Beginne mit der kleinsten Zahl).
$0,75$; $\frac{1}{2}$; $-3\frac{3}{10}$; $0,705$; $-0,705$; $-0,55$
$-3\frac{3}{10}$; $-0,705$; $-0,55$; $-\frac{1}{2}$; $0,705$; $0,75$

b) Ordne die Zahlen nach ihren Beträgen.
$-0,55$; $-3,3$; $3,29$; $3,\overline{3}$; $\frac{2}{5}$; -1
$\frac{2}{5}$; $-0,55$; -1; $3,29$; $3,3$; $3,\overline{3}$

c) Trage das richtige Zeichen ($<$, $>$, $=$) ein.
$-9,75$ $<$ $|-9,75|$ $-4,04$ $>$ $-4,40$ 994 $>$ -995 $-2,49$ $>$ $-2,51$

d) Gib drei Zahlen an, die zwischen $-1,02$ und $-0,99$ liegen.
$-1,01$; -1; $-0,991$

4 Wie weit sind die beiden Zahlen auf der Zahlengeraden voneinander entfernt und welche Zahl liegt in ihrer Mitte?

	Zahl 1	Zahl 2	Entfernung	Mitte
a)	+4	-3	7	0,5
c)	$-2,5$	+1,5	4	$-0,5$
e)	$-\frac{1}{2}$	$-\frac{3}{4}$	$\frac{1}{4}$	$-\frac{5}{8}$
g)	$-10,2$	0,6	10,8	$-4,8$

	Zahl 1	Zahl 2	Entfernung	Mitte
b)	-2	-11	9	$-6,5$
d)	+1,4	$-3,8$	5,2	$-1,2$
f)	$-\frac{2}{5}$	$-7,6$	7,2	-4
h)	+0,7	$-7,9$	8,6	$-3,6$

5 a) Zeichne den Streckenzug ABCDEFGA:
A(4|−4), B(2|1,5), C(1|0), D(1|−3),
E(−3|−3), F(−2|−5), G($2\frac{1}{2}$|−6).

b) Vertausche nun bei jedem Punkt die x- und die y-Koordinate und verbinde die neuen Punkte in der gleichen Reihenfolge. Was fällt dir auf?
Die Figur ist gespiegelt.

(Koordinatensystem mit den Punkten A, B, C, D, E, F, G und ihren gespiegelten Punkten A', B', C', D', E', F', G')

Addieren und Subtrahieren

1 a) Additionstabelle

+	-4	2,5	$-8,2$	$\frac{3}{5}$
-9	-13	$-6,5$	$-17,2$	$-8\frac{2}{5}$
1,5	$-2,5$	4	$-6,7$	2,1
$-\frac{7}{2}$	$-7\frac{1}{2}$	-1	$-11,7$	$-2\frac{9}{10}$
-1	-5	1,5	$-9,2$	$-\frac{2}{5}$

b) Subtraktionstabelle

–	+4	$-2,5$	$-8,2$	0,8
-9	-13	$-6,5$	$-0,8$	$-9,8$
$\frac{1}{4}$	$-3\frac{3}{4}$	$2\frac{3}{4}$	8,45	$-0,55$
$-3,5$	$-7,5$	-1	4,7	4,3
0	-4	2,5	$-8,2$	0,8

2 Berechne im Kopf und addiere dann deine Ergebnisse pro Teilaufgabe.

a) $-8 - 12 = -20$
$-1,2 + 3 = 1,8$
$2,5 - 1,8 = 0,7$
$-3,7 + 6,2 = 2,5$
Summe: -15

b) $2 - 17 = -15$
$\frac{1}{4} - 5 = -4\frac{3}{4}$
$5 - 6,25 = -1,25$
$-5,8 + 8\frac{1}{2} = 2,7$
Summe: $-18,3$

c) $-8 + 19 = 11$
$-7 - 8,6 = -15,6$
$-1,6 - 5,9 = -7,5$
$4,1 - (-1,4) = 5,5$
Summe: $-6,6$

d) $12 - (-13) = 25$
$-6,3 + (-9) = -15,3$
$-2,2 - 8,8 = -11$
$0 - \frac{4}{5} = -0,8$
Summe: $-2,1$

Lösungssummen: $-18,3$; -15; $-6,6$; $-2,1$

3

a) Addiere zu 1 alle Zahlen der Schlange.
$1 + (-3) + 4,5 + (-8) + (-13) + \frac{3}{2} + (-\frac{1}{2}) + 9,5$ $= -8$

b) Subtrahiere von 1 alle Zahlen der Schlange.
$1 - (-3) - 4,5 - (-8) - (-13) - \frac{3}{2} - (-\frac{1}{2}) - 9,5$ $= 10$

4 a) Bilde aus den Zahlen 5,6; -8; $-4,2$ und 3,7 alle möglichen verschiedenen Summen mit zwei Summanden und sortiere die Ergebnisse der Größe nach.
$-12,2 < -4,3 < -2,4 < -0,5 < 1,4 < 9,3$

b) Bilde mit jeweils zwei der Zahlen $-2,7$; 6,1 und 0,9 alle möglichen Differenzen und sortiere die Ergebnisse der Größe nach.
$-8,8 < -5,2 < -3,6 < 3,6 < 5,2 < 8,8$

5 Setze die richtigen Zeichen (+ oder –) vor die Zahlen in den Klammern.

a) $(-15) + (+8) = -7$
$(-9) + (-13) = -22$
$(-7,5) + (+8,6) = +1,1$
$(-12,8) + (-4,2) = -17$

b) $(-15) - (+8) = -23$
$(-9) - (-13) = +4$
$(-7,5) - (-8,6) = +1,1$
$(-12,8) - (-4,2) = -8,6$

c) $(-15) - (-8) = -7$
$(-13) + (+9) = -4$
$(-8,6) - (+7,5) = -16,1$
$(+12,8) + (-4,2) = +8,6$

Multiplizieren

1 Berechne im Kopf.

a) $(-8)\cdot 13 = -104$
b) $\frac{3}{2}\cdot\left(-\frac{1}{3}\right) = -\frac{1}{2}$
c) $(-0,1)\cdot(-25) = 2,5$

d) $\left(-\frac{1}{5}\right)\cdot 0,5 = -0,1$
e) $(-0,4)\cdot(-10)\cdot(-2,3) = -9,2$
f) $\frac{1}{4}\cdot\left(-\frac{1}{2}\right)\cdot(-8) = 1$

g) $(-1,1)^2 = 1,21$
h) $-1,2^2 = -1,44$
i) $0,25\cdot(-0,5)\cdot(-2) = 0,25$

2 Berechne.

	$\cdot(-2)$	$\cdot\left(-\frac{1}{4}\right)$	$\cdot(-6)$
a) 0,5	-1	$\frac{1}{4}$	$-1,2$
b) -3	-4	$\frac{1}{5}$	-6
c) $\frac{1}{4}$	$\frac{3}{2}$	$-0,15$	2
d) $-\frac{2}{3}$	$-\frac{1}{3}$	3	-5

($\cdot 2,5$ $\cdot(-1)$ $\cdot\left(\frac{1}{2}\right)$ $\cdot(-9)$ $\cdot 0,1$ $\cdot 0,8$ $\cdot\left(-\frac{1}{5}\right)$ $\cdot(-8)$ $\cdot\left(-\frac{5}{3}\right)$ $\cdot\left(-\frac{5}{3}\right)$)

3 Multiplikationsmauern

a)

$\frac{3}{16}$			
$-\frac{3}{4}$	$-\frac{1}{4}$		
$\frac{3}{2}$	$\frac{1}{2}$	$-\frac{1}{2}$	
$-\frac{3}{2}$	-1	2	1
-3	$-\frac{1}{2}$	2	-4

b)

$-4,096$				
$-3,2$	$1,28$			
$1,6$	-2	$0,8$		
1	-2	$-0,8$	-1	
-4	$-0,25$	8	$-0,1$	10

4 Tina Kleckse hat Tinte über ihre Matheaufgaben laufen lassen. Ergänze die fehlenden Zahlen.

a) $\left(-\frac{3}{4}\right)\cdot\left(-\frac{16}{3}\right) = 4$
b) $0,5\cdot(-2,5) = -1,25$
c) $\ldots\cdot(-5) = \ldots$

d) $6\cdot\left(-\frac{5}{6}\right) = -5$
e) $(-0,8)\cdot 0 = 0$
f) $1,6\cdot(-1,6) = -2,56$; $\ldots\cdot 1,2 = -6$

5 Multipliziere geschickt.

a) $(-4)\cdot(-2,9)\cdot(-2,5) = -29$
b) $\frac{3}{5}\cdot\frac{1}{8}\cdot(-16) = -\frac{6}{5}$

c) $20\cdot\left(-\frac{7}{9}\right)\cdot(-5) = \frac{700}{9}$
d) $33\cdot\left(-\frac{5}{12}\right)\cdot(-24) = 330$

e) $(-5)\cdot\left(-\frac{5}{6}\right)\cdot\left(\frac{12}{5}\right)\cdot(-2) = -20$
f) $0,2\cdot 0,3\cdot(-3)\cdot(-50) = 9$

6 Schreibe in die ▽ das Produkt der Zahlen aus den angrenzenden Feldern.

Dreieck 1: $0,2$; $-\frac{1}{2}$; $0,5$; -5 ; 5 ; 16 ; 4 ; $-\frac{5}{2}$; $-0,8$

Dreieck 2: $\frac{1}{3}$; $0,6$; $-0,2$; $0,6$; -9 ; -15 ; 2 ; $\frac{5}{6}$; $-1,5$

Dividieren

1 Berechne im Kopf.

a) $24:(-4) = -6$
b) $(-35):(-7) = 5$
c) $(-1):5 = -\frac{1}{5}$

d) $\left(-\frac{5}{9}\right):10 = -\frac{1}{18}$
e) $(-3,2):(-0,8) = 4$
f) $\frac{1}{4}:\left(-\frac{1}{2}\right) = -\frac{1}{2}$

g) $15:(-0,5) = -30$
h) $(-6):\frac{3}{5} = -10$
i) $2\frac{1}{2}:(-0,2) = -12\frac{1}{2}$

k) $1:(-4) = -\frac{1}{4}$
l) $0:\left(-\frac{1}{2}\right) = 0$
m) $\left(-\frac{1}{3}\right):\frac{1}{8} = -\frac{8}{3}$

2 Ergänze.

a)

:	-4	$2,5$	10
-10			-1
$1,5$	$-\frac{3}{8}$	$0,6$	$0,15$
$-4,5$	$1\frac{1}{8}$	$-1,8$	$-0,45$

b)

:	-3	$0,5$	-1
0	0	0	0
$\frac{3}{5}$	$-\frac{1}{5}$	$1\frac{1}{5}$	$-\frac{3}{5}$
$-\frac{9}{10}$	$\frac{3}{10}$	$-1,8$	$\frac{9}{10}$

($\frac{3}{7}$; 0 ; $\frac{7}{5}$; $-2,1$)

3 Berechne und bestimme die Summe deiner Lösungen.

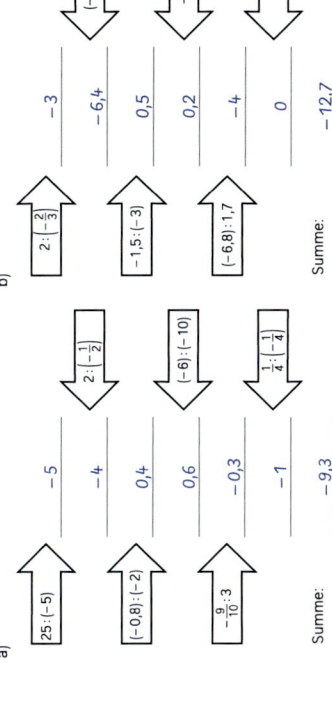

a)
$25:(-5) \rightarrow -5$
$2:\left(-\frac{1}{2}\right) \rightarrow -4$
$(-0,8):(-2) \rightarrow 0,4$
$(-6):(-10) \rightarrow 0,6$
$\frac{9}{-10}\cdot 3 \rightarrow -0,3$
$\rightarrow -1$
Summe: $-9,3$

b)
$2:\left(-\frac{2}{3}\right) \rightarrow -3$
$(-0,8):\frac{1}{8} \rightarrow -6,4$
$-1,5\cdot(-3) \rightarrow 0,5$
$-\frac{1}{6}:\left(-\frac{5}{6}\right) \rightarrow 0,2$
$(-6,8):1,7 \rightarrow -4$
$0:0,7 \rightarrow 0$
Summe: $-12,7$

Lösung: Die Summe der Summen aus a) und b) ergibt -22.

4 Berechne. Das Ergebnis der ersten Aufgabe ist die erste Zahl der zweiten Aufgabe usw. Wenn du nacheinander die zugehörigen Buchstaben notierst, kannst du das Lösungswort erkennen.

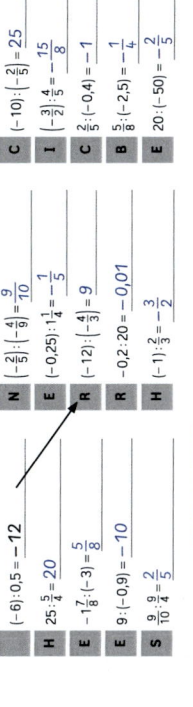

$(-6):0,5 = -12$ **H**
$25\cdot\frac{5}{4} = 20$ **H**
$-\frac{7}{8}:(-3) = \frac{5}{8}$ **E**
$9:(-0,9) = -10$ **E**
$\frac{9}{10}\cdot\frac{9}{4} = \frac{2}{5}$ **S**

$\left(-\frac{2}{5}\right):\left(-\frac{4}{9}\right) = \frac{9}{10}$ **N**
$(-0,25):\frac{1}{4} = -1$ **E**
$(-12):\left(-\frac{4}{3}\right) = 9$ **R**
$-0,2:20 = -0,01$ **R**
$(-1):\frac{2}{3} = -\frac{3}{2}$ **H**

$(-10):\left(-\frac{2}{5}\right) = 25$ **C**
$\left(-\frac{3}{2}\right):\frac{4}{5} = -\frac{15}{8}$ **I**
$\frac{2}{5}\cdot(-0,4) = -1$ **C**
$\frac{5}{8}\cdot(-2,5) = -\frac{1}{4}$ **B**
$20:(-50) = -\frac{2}{5}$ **E**

Lösungswort: R ECHENSCHIEBER

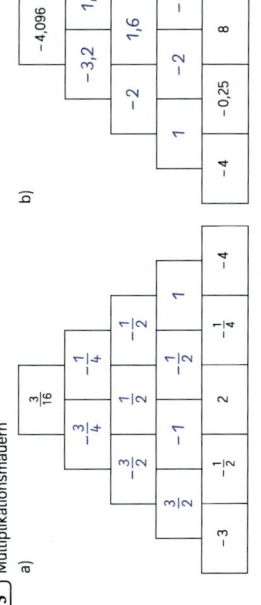

Multiplizieren und Dividieren

1 Ergänze die fehlenden Zeichen ($<$, $>$, $=$, $+$, $\cdot$).

a) $(-7) \cdot 8 = (-8) \cdot 7$
b) $(-5) \cdot (-3) \cdot (-2) < (-5) \cdot (-3) \cdot (-1)$
c) $(-9) \cdot (-7) > -63$
d) $(-12) \cdot (-10) < (-12) \cdot (-11)$
e) $-9 \cdot (-4) > (-6) \cdot 6$
f) $(-60) : 12 > 72 : (-12)$

2 Setze Klammern und Rechenzeichen (: oder ·) sowie fehlende Vorzeichen so, dass die Gleichung wie im Beispiel richtig wird.

$(+12) : ((+21) : (-7)) = -4$

a) $(-12) : (-7) : (-4) = -21$
b) $(+81) : (+27) : (3) = 9$
c) $(+81) : (+27) : (-3) = -1$
d) $(-12) : (-6) : (-3) = -24$
e) $(+12) : (+6) : (+3) = 6$

3 Ergänze.

a) $(-6) \cdot (-16) = 96$
b) $(-13) \cdot (-13) = 169$
c) $(-14) \cdot 7 = -98$
d) $(-5) \cdot (-12) = 60$
e) $(-14) \cdot 4 = -56$
f) $(-8) \cdot (-20) = 160$
g) $(-9,8) : (-1,4) = 7$
h) $90 : (-1,5) = -6$
i) $(-12,8) : (-8) = 16$
k) $\frac{3}{4} \cdot (-8) = (-6)$
l) $\frac{5}{8} : (-\frac{5}{8}) = -1$
m) $(-5) \cdot \frac{1}{2} = -10$

4 Ergänze.

a)

1. Faktor	-3	6	$\frac{3}{4}$	$-\frac{2}{3}$
2. Faktor	5	1,5	$-\frac{4}{5}$	$\frac{1}{4}$
Produkt	-15	9	$-\frac{3}{5}$	$-\frac{1}{6}$

b)

Dividend	-12	9,6	$-\frac{4}{3}$	-14
Divisor	-4	-0,8	-0,5	$\frac{7}{8}$
Quotient	3	-12	$2\frac{2}{3}$	-16

5 Berechne die Produkte und Quotienten. Färbe die richtigen Ergebnisse im Zahlenfeld.

$-4 : (-8) = 0,5$
$-\frac{2}{3} \cdot (-\frac{3}{8}) = \frac{1}{4}$
$2,2 \cdot (-0,8) = -1,76$
$-17 \cdot (-0,4) = 6,8$
$-\frac{5}{9} : \frac{5}{3} = -\frac{1}{3}$
$1,5 \cdot (-2) : (-\frac{2}{3}) = 4,5$
$25 : (0,4 \cdot (-8))$

$0,91 : (-10) = -9,1$
$\frac{3}{5} : (-\frac{3}{8}) = -\frac{8}{5}$
$1\frac{1}{2} : 5 = 0,3$
$(-1,5)^2 = 2,25$
$15,12 : (-2,7) = -5,6$
$\frac{7}{9} : (-\frac{7}{9}) = -1$

$2,75 \cdot (-5,5) = -15,125$
$-1,5 : 0,2 = -7,5$
$(-1,44) : (-1,2) = 1,2$
$(-2,5) \cdot (-\frac{3}{2}) = 3\frac{3}{4}$
$\frac{8}{15} : (-\frac{4}{5}) = -\frac{2}{3}$
$-1,8^2 = -3,24$

$-\frac{2}{3}$	1,6	-1,76	5,6	10	6,8	9,1	1,2	2,25	$\frac{1}{2}$
-15,125	-1,25	$4\frac{1}{2}$	1	$\frac{1}{5}$	$\frac{3}{4}$	3,24	-9,3	-3,24	-2
-9,1	$-2\frac{1}{4}$	$-1\frac{2}{3}$	$\frac{2}{3}$	$\frac{1}{4}$	0,3	-10	$-\frac{5}{6}$	-1,6	0

Vermischtes 1

1 Berechne.

a) $-\frac{3}{8} + \frac{7}{4} = 1\frac{3}{8}$
b) $\frac{1}{5} + \frac{7}{10} = -\frac{1}{2}$
c) $(-\frac{5}{6}) \cdot (-\frac{3}{20}) = \frac{1}{8}$
d) $(-\frac{5}{9}) : (-\frac{2}{3}) = -1\frac{1}{6}$
e) $1,24 - (-0,84) = 2,08$
f) $3,5 + (-7,8) = -4,3$
g) $-0,8 \cdot 16 = -12,8$
h) $(-9,1) : (-13) = 0,7$
i) $-\frac{4}{5} \cdot 0,6 = -0,48$
k) $-0,7 + (-3\frac{1}{2}) = -4,2$

Lösungen: $-12,8$; $-4,3$; $-4,2$; $-1\frac{1}{6}$; $-\frac{1}{2}$; $-0,48$; $\frac{1}{8}$; $0,7$; $1\frac{3}{8}$; $2,08$

2 Finde heraus, welche Aufgaben falsch gerechnet sind. Korrigiere sie. Die Buchstaben, die bei den falsch gerechneten Aufgaben stehen, führen dich zum Lösungswort.

$0,2 - 0,8 + 2,6 = 2$ ✓ R	$\frac{3}{8} - \frac{1}{8} \cdot 4 = 1$ $-\frac{1}{8}$ O
$2,5 \cdot (-0,5) \cdot (-1) = -4$ G	$-1,7^2 = 2,89$ $-2,89$ E
$\frac{1}{4} - \frac{1}{3} - \frac{1}{2} = \frac{7}{12}$ ✓ E	$-2 + 2 \cdot (-1,5) = -5$ ✓ N
$1 - (\frac{1}{2} \cdot 2) = -1\frac{1}{2}$ $3,5$ I	$0,9 : (-0,3) = -3$ ✓ S
$-\frac{5}{6} + \frac{2}{3} \cdot 4 = -3,5$ ✓ N	$(-\frac{2}{3} \cdot \frac{3}{4}) : (-2) = 1$ $\frac{1}{4}$ M
$2,5 \cdot (\frac{1}{8} \cdot \frac{1}{8}) = 0$ -5 O	$1,8 - (-0,3) \cdot 0 = -0,54$ 0 D

Lösungswort: DOMINO

3 Berechne. Immer zwei Aufgaben haben das gleiche Ergebnis. Gib die Paare an.

a) $-5,2 + 1,4 \cdot 3 = -1$
b) $2,3 - (-0,5 - 2) = 4,8$
c) $(-1,5)^2 : (-5) = -0,45$
d) $1 : (-2) : (3 - 4) = 0,5$
e) $(-1,8) \cdot (-0,2) + (-1,66) = -1,3$
f) $4,8 : (-\frac{1}{2}) : (-2) = 4,8$
g) $2,8 : (-0,7) \cdot (-\frac{1}{8}) = 0,5$
h) $\frac{1}{2} - \frac{4}{5} \cdot \frac{8}{15} = -1$
i) $1\frac{1}{2} \cdot (-2\frac{1}{4}) + \frac{3}{10} = -0,45$
k) $16,9 : (-1,3) : 10 = -1,3$

Lösungspaare: a)   b)   c)   d)   e)
              h)   f)   i)   g)   k)

4 In einer Skatrunde macht Martin bei einem Punktestand von -94 das Spiel. Gewinnt er, bekommt er 72 „Pluspunkte", verliert er, gibt es 144 „Minuspunkte". Wie könnte Martins Punktestand nach dem Spiel aussehen?

Bei Sieg: -22

Bei Niederlage: -238

Vermischtes 2

1 Notiere zunächst einen Term und berechne dann.

a) Welchen Abstand haben die Zahlen $-4\frac{3}{4}$ und $2\frac{1}{4}$ auf der Zahlengeraden?

$$\left|-4\frac{3}{4}\right| + 2\frac{1}{4} = 7$$

b) Welche Zahl liegt auf der Zahlengeraden in der Mitte zwischen $-3,7$ und $-15,2$?

$$-9,45$$

c) Welche negative Zahl ist von $-2,4$ doppelt so weit entfernt wie von 1?

$$-\frac{2}{15}$$

2 Merle und Frank haben zwei ganz besondere Spielwürfel:
Einen weißen mit 12 Flächen (Dodekaeder) mit den Zahlen von 1 bis 12 und einen grünen mit 20 Flächen (Ikosaeder) mit den Zahlen von 1 bis 20.
Sie vereinbaren, dass der weiße Würfel immer positive Zahlen liefert und der grüne Würfel negative Zahlen. Beide Würfel werden gleichzeitig geworfen.
Bestimme die kleinst- bzw. größtmöglichen Werte für Summe, Differenz, Produkt und Quotient der beiden gewürfelten Zahlen.

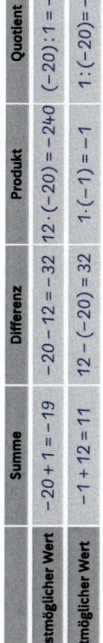

	Summe	Differenz	Produkt	Quotient
kleinstmöglicher Wert	$-20 + 1 = -19$	$-20 - 12 = -32$	$12 \cdot (-20) = -240$	$(-20) : 1 = -20$
größtmöglicher Wert	$-1 + 12 = 11$	$12 - (-20) = 32$	$1 \cdot (-1) = -1$	$1 : (-20) = -\frac{1}{20}$

3 Fülle die Lücken in der Rechenkette aus.

a) $-2,5 \;+\; -\frac{1}{4} \;\rightarrow\; -2,75 \;\cdot\; 3 \;\rightarrow\; -8\frac{1}{4} \;\cdot\; \frac{11}{2} \;\rightarrow\; -1\frac{1}{2} \;-\; 4,5 \;\rightarrow\; -3 \;\cdot\; 2 \;\rightarrow\; -5 \;:\; \rightarrow\; -0,4$

b) $-\frac{5}{6} \;\cdot\; \frac{5}{3} \;\rightarrow\; 1,4 \;+\; -0,9 \;\rightarrow\; -1,8 \;:\; -1,62 \;\rightarrow\; -0,4 \;\cdot\; -4\frac{1}{20} \;\rightarrow\; -\frac{9}{20} \;-\; -4\frac{1}{20} \;\rightarrow\; 2 \;:\; -9 \;\rightarrow\; -\frac{1}{2}$

4 Berechne mit dem Taschenrechner.

a) $7 - 0,5 \cdot \dfrac{\frac{3}{4} + 2,1}{3\frac{1}{4} \cdot \frac{3}{4}} = 2,23$

b) $\dfrac{2,5 \cdot 1,5 - (-1,8 + 7,8)}{-\frac{3}{5} + 7 \cdot \frac{3}{10}} = 6\frac{2}{3}$

c) $\dfrac{-4 \cdot (-0,2 - 5,9) + 12,4}{\frac{2}{3} : \left|\frac{1}{6} - 2\right|} = -101,2$

d) $\dfrac{\frac{2}{5} - (-0,6) + \frac{3}{8}}{8 - \left(\frac{3}{2} + 6\frac{3}{4}\right)} = 0,5$

Lösungen: $0,5$; $2,23$; $6\frac{2}{3}$; $-101,2$

Terme mit rationalen Zahlen

1 Stelle einen Term auf und berechne wie im Beispiel.

Multipliziere die Differenz von -7 und $-8,5$ mit $1,6$.

$$(-7 - (-8,5)) \cdot 1,6$$
$$= 1,5 \cdot 1,6$$
$$= 2,4$$

a) Addiere $3\frac{1}{2}$ zu dem Quotienten aus $-3,4$ und 17.

$$(-3,4 : 17) + 3\frac{1}{2}$$
$$= -\frac{1}{5} + 3\frac{1}{2}$$
$$= 3,3$$

b) Subtrahiere von -12 die Summe aus $-4,06$ und $-8,4$.

$$-12 - (-4,06 + (-8,4))$$
$$= -12 + 12,46$$
$$= 0,46$$

c) Multipliziere die Differenz von $-2\frac{1}{3}$ und $1\frac{1}{2}$ mit $-\frac{6}{5}$.

$$\left(-2\frac{1}{3} - 1\frac{1}{2}\right) \cdot \left(-\frac{6}{5}\right)$$
$$= -3\frac{5}{6} \cdot \left(-\frac{6}{5}\right)$$
$$= 4\frac{3}{5}$$

d) Dividiere das Produkt von 1,5 und -8 durch den Quotienten von -1 und $-0,6$.

$$(1,5 \cdot (-8)) : (-1 : (-0,6))$$
$$= -12 : 1\frac{2}{3}$$
$$= -7,2$$

e) Addiere die Differenz von $-\frac{2}{3}$ und $\frac{7}{9}$ zu dem Produkt aus $\frac{3}{4}$ und $-\frac{8}{9}$.

$$\frac{3}{4} \cdot \left(-\frac{8}{9}\right) + \left(-\frac{2}{3} - \left(-\frac{7}{9}\right)\right)$$
$$= -\frac{2}{3} + \frac{1}{9}$$
$$= -\frac{5}{9}$$

f) Subtrahiere den Quotienten aus $-3,24$ und $0,4$ von der Summe der Zahlen $-2,1$ und $-5,94$.

$$(-2,1 + (-5,94)) - (-3,24 : 0,4)$$
$$= 0,06$$

Lösungen: $-7,2$; $-\frac{5}{9}$; $0,06$; $0,46$; $3,3$; $4\frac{3}{5}$

2 Setze Klammern so, dass das Ergebnis stimmt.

$$(20 - 35) \cdot 7 = -105 \qquad 2 - \frac{1}{2} \cdot \left(\frac{3}{4} - 1\right) = 2\frac{1}{8}$$

$$-0,5 + (3,7 - 1,2) \cdot 5 = 0 \qquad \left(\frac{5}{6} + \frac{1}{3}\right) \cdot \left(\left|-\frac{2}{3}\right| - \frac{1}{6}\right) = \frac{5}{12}$$

$$(-7 - 8) \cdot 5 + 3 \cdot \left|-\frac{1}{2}\right| = -4,5 \qquad (-2 \cdot 9^2 - (-3) \cdot \left(5\frac{1}{2} - 4\right) = -72$$

3

a) Während einer Skifahrt hat Klaus jeden Morgen zur gleichen Zeit die Außentemperatur gemessen und in nebenstehender Liste notiert. Wie hoch war die durchschnittliche Morgentemperatur in dieser Woche?

$$-2,9\,°C$$

b) Hätte Klaus auch am 10.1. die Temperatur gemessen, hätte sich die Durchschnittstemperatur nicht geändert. Wie kalt war es am 10.1?

$$-2,9\,°C$$

3.1.	$-6\,°C$
4.1.	$-8,3\,°C$
5.1.	$-1,8\,°C$
6.1.	$1,3\,°C$
7.1.	$1,6\,°C$
8.1.	$-2,7\,°C$
9.1.	$-4,4\,°C$

Gleichungen aufstellen und lösen 1

1 Stelle eine Gleichung auf und löse sie durch Probieren.

a) Von zwei Zahlen ist eine um 8 größer als die andere. Ihre Summe beträgt 42.

$\underline{x + (x + 8) = 42}$ $x = 17$

b) Ein Rechteck ist eineinhalb mal so lang wie breit. Sein Umfang beträgt 40 m.

$2 \cdot \left(x + \frac{3}{2}x\right) = 40$ $x = 8;\ Breite:\ 8\,cm,\ Länge:\ 12\,cm$

2 Löse mithilfe der Tabelle.
Leo und sein Vater haben am gleichen Tag Geburtstag. Als Leo 11 wird, wird sein Vater 35. Vor wie vielen Jahren war Leos Vater viermal so alt wie sein Sohn?

Anzahl der Jahre x	Alter von Leo 11 − x	Alter des Vaters 35 − x
1	10	34
2	9	33
3	8	32

3 Löse mithilfe der Waage. Entferne dazu so weit wie möglich alle Gegenstände, die auf beiden Seiten der Waage liegen.

a) Wie schwer ist eine Vase?

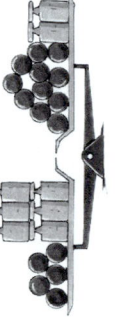

1 Vase — 1 Kugel

Eine Kugel ist 200 g schwer.
Eine Vase wiegt __200__ g.

b) Wie schwer ist ein Ball?

4 Gewichte — 6 Kugeln

Ein Gewicht ist 600 g schwer.
Ein Ball wiegt __400__ g.

c) Wie schwer ist ein Hut?

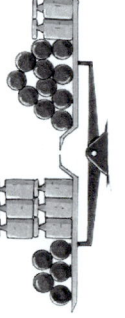

2 Hüte — 4 Schals

Ein Schal wiegt 150 g.
Ein Hut wiegt __300__ g.

d) Wie schwer ist eine Katze?

1 Katze — 2 Steine

Ein Stein wiegt $1\frac{1}{2}$ kg.
Eine Katze wiegt __3__ kg.

Gleichungen aufstellen und lösen 2

1 Stelle eine Gleichung auf und gib die Lösung an.

a) Das Doppelte einer Zahl ist −78. $2 \cdot x = -78$ $x = -39$

b) Der dritte Teil einer Zahl ist $\frac{1}{4}$. $\frac{1}{3} \cdot x = \frac{1}{4}$ $x = \frac{3}{4}$

c) Der Vorgänger einer natürlichen Zahl ist 34. $x - 1 = 34$ $x = 35$

d) Die Hälfte der um 3 vergrößerten Zahl ist 15. $\frac{1}{2} \cdot (x + 3) = 15$ $x = 27$

e) Die Summe aus einer Zahl und der Hälfte dieser Zahl ist 18. $x + \frac{1}{2} \cdot x = 18$ $x = 12$

f) Das Dreifache einer Zahl, vermindert um 5, ergibt 1. $3 \cdot x - 5 = 1$ $x = 2$

2 Welche Geschichte passt zu welcher Gleichung?

C — Sven kauft sich Birnensaft, von dem jede Packung 1,50 € kostet, und eine Sportzeitschrift für 1 €. An der Kasse bezahlt er 10 €.

F — Herr Frey kauft sich in seiner Mittagspause ein belegtes Brötchen für 1,50 € und für den Nachmittag Schokolade – die Tafel zu 0,50 €. Er muss 9 € bezahlen.

D — Susi kauft für ihre Mutter Blumen. Eine Rose kostet 1,50 €. Weil die Verkäuferin ihr eine Freude machen will, schenkt sie ihr noch eine Rose. Susi muss 9 € bezahlen.

A $1,5 \cdot x + 1 = 10$	**C** $1,5 + 0,5 \cdot x = 9$
B $1,5 \cdot x + 1 = 9$	**D** $1,5 \cdot (x - 1) = 9$
E $1,5 \cdot x + 0,5 = 9$	**F** $1,5 \cdot x + 1 = 10$
	G $(1,5 + 0,5) \cdot x = 9$

3 Stelle eine Gleichung auf und löse sie mit einer Methode deiner Wahl (Probieren, Tabelle, Waage).

a) Beim Handballturnier der 7b haben Thorben und Mareike zusammen 35 Tore geworfen. Hätte Thorben 4 Treffer mehr und Mareike einen Treffer weniger erzielt, dann wären beide gleich oft erfolgreich gewesen. Wie viele Tore hat jeder der beiden erzielt?

Anzahl der Tore von Thorben: x

Anzahl der Tore von Mareike: 35 − x

Thorben: 15   *Mareike: 20*

Gleichung: $\underline{x + 4 = 35 - x - 1}$

b) Carla bekommt dreimal so viel Taschengeld wie ihr Bruder Felix. Nach einer Taschengelderhöhung von 5 € für jedes Kind hat Carla nur noch doppelt so viel Taschengeld wie Felix. Wie hoch war das Taschengeld von Carla und Felix vor der Erhöhung?

Höhe von Felix Taschengeld   Höhe von Carlas Taschengeld

vor der Erhöhung: x   vor der Erhöhung: 3 · x

nach der Erhöhung: $\underline{x + 5}$ nach der Erhöhung: $\underline{3 \cdot x + 5}$

Gleichung: $\underline{(x + 5) \cdot 2} = \underline{3 \cdot x + 5}$

$2 \cdot x + 10 = 3 \cdot x + 5$ $x = 5$ Felix: 5 €   Carla: 15 €

Gleichungen umformen 1

1 Gib jeweils die Umformung an, die die erste Gleichung in die zweite Gleichung überführt.

a) $x + 5 = 17 \rightarrow x = 12$ | -5
b) $3 \cdot x = 25{,}5 \rightarrow x = 8{,}5$ | $:3$
c) $\frac{1}{4}x = -8 \rightarrow x = -32$ | $\cdot 4$
d) $2x = x - 7{,}6 \rightarrow x = -7{,}6$ | $-x$
e) $3x - 10 = -7 \rightarrow 3x = 3$ | $+10$
f) $3x = 3 \rightarrow x = 1$ | $:3$

2 Löse die Gleichungen mithilfe der angegebenen Umformungen.
Überprüfe deine Lösung, indem du sie in der Ausgangsgleichung einsetzt.

a) $2x - 6 = 3$ | $+6$
$2x = 9$ | $:2$
$x = 4{,}5$

b) $\frac{3}{4}x + 8 = 7$ | -8
$\frac{3}{4}x = -1$ | $:\frac{3}{4}$
$x = -\frac{4}{3}$

c) $5 - x = 4x$ | $+x$
$5 = 5x$ | $:5$
$x = 1$

d) $3 + 1{,}5x = 12$ | -3
$1{,}5x = 9$ | $:1{,}5$
$x = 6$

3 Löse die Gleichungen mithilfe der angegebenen Umformungen auf zwei verschiedene Arten.

a) $2x - 8 = 4$ | $+8$ → $2x = 12$ | $:2$ → $x = 6$
$2x - 8 = 4$ | $:2$ → $x - 4 = 2$ | $+4$ → $x = 6$

b) $5 - x = -8$ | $+x$ → $5 = -8 + x$ | $+8$ → $x = 13$
$5 - x = -8$ | $+8$ → $13 - x = 0$ | $+x$ → $x = 13$

c) $4x + 7 = -3$ | -7 → $4x = -10$ | $:4$ → $x = -2{,}5$
$4x + 7 = -3$ | $:4$ → $x + \frac{7}{4} = -\frac{3}{4}$ | $-\frac{7}{4}$ → $x = -2{,}5$

d) $6 + \frac{1}{2}x = 4$ | -6 → $\frac{1}{2}x = -2$ | $\cdot 2$ → $x = -4$
$6 + \frac{1}{2}x = 4$ | $\cdot 2$ → $12 + x = 8$ | -12 → $x = -4$

4 Durch die angegebenen Umformungen ist die einfache Gleichung entstanden. Wie sah die Ausgangsgleichung aus?

a) $3x - 6 = 6$ | $+6$ → $3x = 12$ | $:3$ → $x = 4$
b) $2x + 10 = 7$ | -10 → $2x = -3$ | $:2$ → $x = -1{,}5$
c) $\frac{3}{4}x + 2 = \frac{1}{2}$ | -2 → $\frac{3}{4}x = -\frac{3}{2}$ | $:\frac{3}{4}$ → $x = -2$
d) $7x = 10 + 2x$ | $-2x$ → $5x = 10$ | $:5$ → $x = 2$

Gleichungen umformen 2

1 Löse die Gleichungen wie im Beispiel.
Überprüfe deine Lösung, indem du sie in der Ausgangsgleichung einsetzt.

$5x + \frac{3}{4} = \frac{1}{2} + 2x$ | $-2x$
$3x + \frac{3}{4} = \frac{1}{2}$ | $-\frac{3}{4}$
$3x = -\frac{1}{4}$ | $:3$
$x = -\frac{1}{12}$
Probe: $5 \cdot \left(-\frac{1}{12}\right) + \frac{3}{4} = \frac{1}{2} + 2 \cdot \left(-\frac{1}{12}\right)$
$\frac{1}{3} = \frac{1}{3}$ ✓

a) $6x + 2{,}5 = 2x - 1{,}5$ | $-2x$
$4x + 2{,}5 = -1{,}5$ | $-2{,}5$
$4x = -4$ | $:4$
$x = -1$
Probe: $6 \cdot (-1) + 2{,}5 = 2 \cdot (-1) - 1{,}5$
$-3{,}5 = -3{,}5$ ✓

b) $3 - 2x = 8 - 7x$ | $+7x$
$3 + 5x = 8$ | -3
$5x = 5$ | $:5$
$x = 1$
Probe: $3 - 2 \cdot 1 = 8 - 7 \cdot 1$
$1 = 1$ ✓

c) $-4 + 4x = -1 - \frac{4}{5}x$ | $+\frac{4}{5}x$
$-4 + 4\frac{4}{5}x = -1$ | $+4$
$4\frac{4}{5}x = 3$ | $:\frac{24}{5}$
$x = \frac{15}{24} = \frac{5}{8}$
Probe: $-4 + 4 \cdot \frac{5}{8} = -1 - \frac{4}{5} \cdot \frac{5}{8}$
$-1{,}5 = -1{,}5$ ✓

d) $-\frac{3}{2} + 4x = -1{,}5 + x$ | $-x$
$-\frac{3}{2} + 3x = -1{,}5$ | $+\frac{3}{2}$
$3x = 0$ | $:3$
$x = 0$
Probe: $-\frac{3}{2} + 4 \cdot 0 = -1{,}5 + 0$
$-1{,}5 = -1{,}5$ ✓

e) $7x - 3 = 4 - 7x$ | $+7x$
$14x - 3 = 4$ | $+3$
$14x = 7$ | $:14$
$x = \frac{1}{2}$
Probe: $7 \cdot \frac{1}{2} - 3 = 4 - 7 \cdot \frac{1}{2}$
$0{,}5 = 0{,}5$ ✓

2 Wo steckt der Fehler? Markiere ihn und löse die Gleichung dann richtig.

a) $5x + 14 = 10$ | $:5$
$x + 14 = 10$ | -14
$x = -12$

$5x + 14 = 10$ | -14
$5x = -4$ | $:5$
$x = -\frac{4}{5}$

b) $x + 3 = 1 - x$ | $+x$
$2x + 3 = 1$ | -3
$2x = -2$ | $:2$
$x = 0$

$2x = -2$ | $:2$
$x = -1$

c) $4 - \frac{1}{2}x = 8$ | $:\frac{1}{2}$
$2 - x = 2$ | -2
$-x = 2$
$x = -2$

$4 - \frac{1}{2}x = 8$ | -4
$-\frac{1}{2}x = 4$ | $\cdot(-2)$
$x = -8$

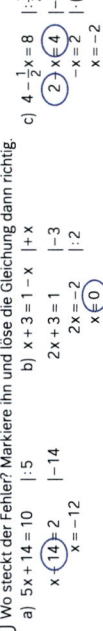

Gleichungen – Vermischtes 1

1 Löse die Gleichungen mithilfe von Umformungen.

a)
$$5x + 8 = 3x - 0,5 \quad | -3x$$
$$2x + 8 = -0,5 \quad | -8$$
$$2x = -8,5 \quad | :2$$
$$x = -4,25$$

b)
$$-2x - 8 = 2x + \tfrac{4}{9} \quad | +2x$$
$$-8 = 4x + \tfrac{4}{9} \quad | -\tfrac{4}{9}$$
$$-8\tfrac{4}{9} = 4x \quad | :4$$
$$-2\tfrac{1}{9} = x$$

c)
$$3x - \tfrac{1}{2} + \tfrac{2}{5}x = -4 - 0,6x$$
$$3\tfrac{2}{5}x - \tfrac{1}{2} = -4 - 0,6x \quad | +\tfrac{1}{2}$$
$$3,4x = -3,5 - 0,6x \quad | +0,6x$$
$$4x = -3,5 \quad | :4$$
$$x = -\tfrac{7}{8}$$

d)
$$0,3x - 0,8 = 1,4x + 2 - 0,6x \quad | +0,8$$
$$0,3x - 0,8 = 0,8x + 2 \quad | +0,8$$
$$0,3x = 0,8x + 2,8 \quad | -0,8x$$
$$-0,5x = 2,8 \quad | :(-0,5)$$
$$x = -5,6$$

Lösungen: $-5\tfrac{3}{5}$; $-4\tfrac{1}{4}$; $-2\tfrac{1}{9}$; $-\tfrac{7}{8}$.

2 Löse die Zahlenrätsel mithilfe von Gleichungen.

a) Die Summe von drei Zahlen ist 201. Dabei ist die zweite Zahl um 6 größer als die erste, die dritte um 6 größer als die zweite.
Gleichung: $x + (x + 6) + (x + 12) = 201$ Die gesuchten Zahlen sind 61; 67; 73

b) Zwei Zahlen unterscheiden sich um 14. Ihre Summe ist 4.
Gleichung: $x + (x + 14) = 4$ Die gesuchten Zahlen sind -5; 9

c) Subtrahiert man vom Fünffachen einer Zahl 7, erhält man das Doppelte der Zahl.
Gleichung: $5x - 7 = 2x$ Die gesuchte Zahl ist $\tfrac{7}{3}$

d) Dividiert man eine Zahl durch 4 und addiert dann $\tfrac{3}{4}$, erhält man die um 2 vergrößerte Zahl.
Gleichung: $x : 4 + \tfrac{3}{4} = x + 2$ Die gesuchte Zahl ist $-\tfrac{5}{3}$

3 Löse mithilfe geeigneter Gleichungen.
a) Bestimme die Seitenlängen der Dreiecke.

Dreieck I: $x+1$, $x+1$, 4, $U = 18\,cm$
Dreieck II: $2x$, x, $x+3$, $U = 25\,cm$

I
$$x + 1 + x + 1 + 4 = 18$$
$$2x = 12 \qquad x = 6$$

II
$$x + 2x + x + 3 = 25$$
$$4x + 3 = 25$$
$$x = 5,5$$

b) Von zwei Nebenwinkeln ist der eine viermal so groß wie der andere.
$$\alpha + 4 \cdot \alpha = 180° \qquad \alpha = 36° \text{ und } \beta = 144°$$

c) Von zwei Nebenwinkeln ist der eine um 15° größer als der andere.
$$\alpha + \alpha + 15° = 180° \qquad \alpha = 82,5° \text{ und } \beta = 97,5°$$

Gleichungen – Vermischtes 2

Gib bei allen Aufgaben an, welche Größe x gesucht ist, stelle damit eine geeignete Gleichung auf und löse sie.

1 a) Zwei Bücher kosten zusammen 42 €. Das eine ist um 4 € teurer als das andere.
Wie viel kosten die Bücher?   x: *Kosten des 1. Buchs*
Gleichung: $x + x + 4 = 42$ Die Bücher kosten 19 € und 23 €

b) Britta liest in den Ferien drei Bücher mit insgesamt 676 Seiten. Das zweite Buch hat doppelt so viele Seiten wie das erste, das dritte dafür 20 Seiten weniger als das erste.
Wie viele Seiten hat jedes Buch?   x: *Seitenzahl des 1. Buchs*
Gleichung: $x + 2x + x - 20 = 676$ Die Bücher haben 174; 348; 154 Seiten.

2 a) Eine 3 m lange Holzleiste wird in vier Stücke geschnitten. Jedes Stück ist 20 cm länger als das vorherige. Wie lang sind die Stücke?   x: *Länge des 1. Stücks*
Gleichung: $x + (x + 20) + (x + 40) + (x + 60) = 300$ Die Stücke sind 45 cm; 65 cm; 85 cm; 105 cm.

b) Eine andere, ebenfalls 3 m lange Leiste, wird so in vier Stücke geschnitten, dass jedes Teil doppelt so groß ist wie das vorherige.
Wie lang sind jetzt die Stücke?   x: *Länge des 1. Stücks*
Gleichung: $x + 2x + 4x + 8x = 300$ Die Stücke sind 20 cm; 40 cm; 80 cm; 160 cm.

3 Im Stadion des FC Schuss wird die neue Tribüne in drei Bereiche aufgeteilt. In den Kurven (K) sitzen halb so viele Zuschauer wie auf den Geraden (G). Im extra angelegten Familienblock (F) finden 10% der Zuschauer Platz. Insgesamt fasst das Stadion 18000 Zuschauer.
x: *Anzahl in G*
Gleichung: $\tfrac{1}{2}x + x + 1800 = 18000$
In K sitzen 5400, in G 10800, und in F 1800 Zuschauer.

4 Herr Rukel hat im letzten Jahr 2600 € für 1,5 % angelegt. Mittlerweile ist der Zinssatz leider gefallen. Wie viel Geld muss Herr Rukel anlegen, um bei einem Zinssatz von 1,3 % genauso viele Zinsen pro Jahr zu bekommen?
1,5 % von 2600 = 39   x: *Kapital* $1,3 \% \cdot x = 39$
$$x = \frac{39 \cdot 1000}{13} = 3000$$
Er muss 3000 € anlegen.

5 Herr Steffen ist heute viermal so alt wie seine Tochter Franzi. In fünf Jahren wird er nur noch dreimal so alt sein wie sie. Wie alt sind die beiden heute?
x: *Alter von Franzi heute*
$$(x + 5) \cdot 3 = 4x + 5 \qquad x = 10$$

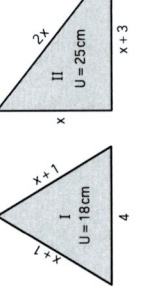

Rechnen mit Termen – Einsetzen

1 Berechne den Wert des Terms.

x	y	$3-2x$	$y(1-y)+7$	$x+2y$	$-\tfrac{1}{2}x\cdot 2y$	$5-3\cdot(x+1)$	$0{,}2x-y\cdot 0{,}5$
3	-2	-3	1	-1	6	-7	1,6
0	$\tfrac{1}{4}$	3	$7\tfrac{3}{16}$	$\tfrac{1}{2}$	0	2	$-\tfrac{1}{8}$
-1	1	5	7	7	1	5	-0,7
-1,5	-4	6	-13	-9,5	-6	6,5	1,7

Lösungen: $-13;\ -9{,}5;\ -7;\ -6;\ -3;\ -1;\ -0{,}7;\ -\tfrac{1}{8};\ 0;\ \tfrac{1}{2};\ 1;\ 1;\ 1;\ 1{,}6;\ 1{,}7;\ 2;\ 3;\ 5;\ 5;\ 6;\ 6{,}5;\ 7;\ 7\tfrac{3}{16}$

2 a) Setze das Muster fort.

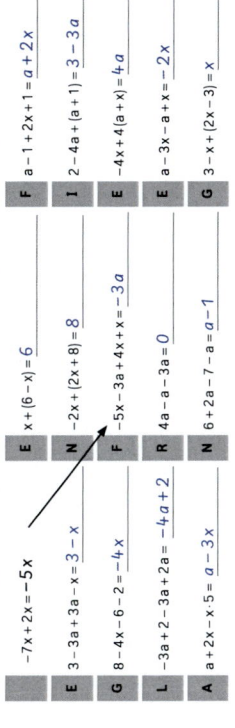

1. 2. 3. 4. 5. 6. 7. 8.

b) Wie viele Kugeln hast du insgesamt nach dem 8. Schritt verbraucht? 36

c) Mit der Formel $\dfrac{n(n+1)}{2}$ kannst du die gesamte Anzahl der Kugeln nach dem n-ten Schritt bestimmen.
Überprüfe dein Ergebnis von b) und berechne, wie viele Kugeln du bei 24 und 99 Schritten brauchen würdest.

Anzahl der Kugeln bei 24 Schritten: 300   99 Schritten: 4 950

3 Welche Terme sind gleichwertig?
In der Reihenfolge der Aufgaben erkennst du das Lösungswort.

	ja	nein
a) $3-7x$ und $7x-3$	B	H
b) $4\cdot(x+\tfrac{1}{2})$ und $4x+2$	(C)	E
c) $5x+8x$ und $13x$	(I)	S
d) $0{,}5\cdot(3-2x)$ und $0{,}5\cdot 3-2x$	N	(E)
e) $2\cdot(-5y)$ und $-10y$	(L)	U
f) $3a-7a$ und $4a$	S	(G)
g) $\tfrac{1}{3}(x+6)$ und $2+\tfrac{1}{3}x$	(T)	N
h) $x+2(x-1)$ und $3x-2$	(R)	I
i) $a\cdot 2+3\cdot b$ und $5\cdot a\cdot b$	O	(E)
k) $\tfrac{1}{2}x-\tfrac{2x}{4}$ und x	S	(W)

Lösungswort: WERTGLEICH

4 Gib zwei verschiedene Terme für den Umfang der Figur an.

a) [Figur] b) [Figur]

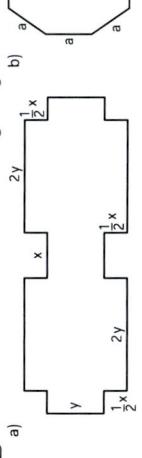

a)
1. Term: $U = 12\cdot\tfrac{1}{2}x + 2x + 4\cdot 2y + 2y$
2. Term: $U = 8x + 10y$

b)
1. Term: $U = a+a+a+a+a+a+2\cdot 3$
2. Term: $U = 6a+6$

Rechnen mit Termen – Addieren und Subtrahieren

1 Fasse so weit wie möglich zusammen. Die richtigen Ergebnisse führen dich zum Lösungsspruch.

a) $9x + 3x = \underline{12x}$
b) $3a - 7a = \underline{-4a}$
c) $\tfrac{1}{2}y + \tfrac{3}{5}y = \underline{1{,}1y}$
d) $5r - 2s + 4r = \underline{9r - 2s}$
e) $\tfrac{3}{4}n - 7 + 7n = \underline{7\tfrac{3}{4}n - 7}$
f) $0{,}8 + x\cdot 0{,}8 - 4 - x = \underline{-2{,}4x}$
g) $-6x - 9x - 5x = \underline{-20x}$
h) $3b - 3 + 3b - 3 = \underline{6b - 6}$
i) $\tfrac{1}{2}a + \tfrac{1}{3}b - \tfrac{1}{4}a + b = \underline{\tfrac{1}{4}a + 1\tfrac{1}{3}b}$
k) $5 - 2z + 3 - 3z + 5z = \underline{8}$
l) $x - 1 + \tfrac{3}{4} - 2x = \underline{-x - \tfrac{1}{4}}$
m) $\tfrac{x}{3}\cdot x - \tfrac{1}{4} = \underline{\tfrac{7}{12}x}$

0	8	-4a	$\tfrac{1}{4}a+\tfrac{4}{3}b$	6b-6	$7\tfrac{3}{4}n-7$	7r-s	9r-2s
NI	MEN	RG	ER	ET	HA	FA	IC

-2,4x	-20x	12x	$\tfrac{7}{12}x$	x-1	$1\tfrac{7}{12}ab$	$-x-\tfrac{1}{4}$	1,1y	$\tfrac{3}{10}y$	3+5z
RT	IG	NU	MEN	HE	AR	EH	LE	SEN	SE

Lösungsspruch: *NUR GLEICHARTIGE TERME NEHMEN*

2 Vereinfache. Das Ergebnis der ersten Aufgabe ist die erste Zahl der zweiten Aufgabe usw. Wenn du nacheinander die zugehörigen Buchstaben notierst, kannst du das Lösungswort erkennen.

- **E** $x + (6 - x) = 6$
- **F** $a - 1 + 2x + 1 = a + 2x$
- **N** $-2x + (2x + 8) = 8$
- **I** $2 - 4a + (a+1) = 3 - 3a$
- **F** $-5x - 3a + 4x + x = -3a$
- **E** $-4x + 4(a + x) = 4a$
- **E** $-7x + 2x = -5x$
- **E** $3 - 3a + 3a - x = 3 - x$
- **G** $8 - 4x - 6 - 2 = -4x$
- **L** $-3a + 2 - 3a + 2a = -4a + 2$
- **R** $4a - 3a - 3a = 0$
- **E** $a - 3x - a + x = -2x$
- **A** $a + 2x - x \cdot 5 = a - 3x$
- **N** $6 + 2a - 7 - a = a - 1$
- **G** $3 - x + (2x - 3) = x$

Lösungswort: FLIEGENFAENGER

3 Stelle einen Term auf und vereinfache so weit wie möglich.

a) Subtrahiere von der Summe aus x und dem Doppelten von y das Dreifache von x.
$(x + 2y) - 3x = -2x + 2y$

b) Verdreifache die Differenz von a und 4. Addiere dazu die Hälfte dieser Differenz.
$3(a - 4) + \tfrac{1}{2}(a-4) = 3a - 12 + \tfrac{1}{2}a - 2 = 3\tfrac{1}{2}a - 14$

c) Subtrahiere von einer natürlichen Zahl n ihren Nachfolger und ihren Vorgänger.
$n - (n+1) - (n-1) = n - n - 1 - n + 1 = -n$

d) Addiere zum Doppelten von x die Differenz aus (−5) und x.
$2x + (-5 - x) = x - 5$

Rechnen mit Termen – Vermischtes

1 Ein Gymnasium veranstaltet in jedem Jahr mit SPRUNCY (SPonsored RUnning and CYcling) einen Sponsorenlauf. Kathi bekommt von ihrem Vater 6 € und für jeden gelaufenen Kilometer 2 €. Ihre Freundin Svea verdient mit jedem gelaufenen Kilometer 3,50 €.

a) Stelle einen Term auf, der das erlaufene Geld der beiden beschreibt.

Kathi: $6 + 2 \cdot x$ Svea: $3,5 \cdot x$

b) Nach wie vielen Kilometern haben beide gleich viel erlaufen?

$6 + 2 \cdot x = 3,5 \cdot x$ $x = 4$ *Nach 4 km haben sie gleich viel erlaufen.*

c) Kathi schafft 6 km, Svea sogar 8 km. Wie viel Geld erlaufen die beiden zusammen?

$6 + 2 \cdot 6 + 3,5 \cdot 8 = 46$ *Sie erlaufen zusammen 46 €.*

2 Finde heraus, welche Aufgaben richtig und welche Aufgaben falsch umgeformt wurden. Bei den richtigen wähle den grünen Buchstaben, bei den falschen den schwarzen.

a) $3 + 1,5x = 4,5x$ — V **Z**	b) $15 \cdot \left(y - \frac{3}{5}\right) = 15y - 9$ — **T** E
c) $\frac{x}{2} + x \cdot \frac{1}{4} - 2 = 1\frac{1}{2}x - \frac{3}{4}$ — R **E**	d) $4n + 2(n+2) = 6n + 4$ — **S** O
e) $5a - 10b = 5(a - 2b)$ — **E** A	f) $7ab - b = 7a$ — A **G**
g) $2x + (x+2) + (x-2) = 4x$ — **N** S	h) $0,6 \cdot (-0,5x) \cdot (-10) = 3x$ — **E** D
i) $8cd - 4c \cdot 2d - d = d$ — K **H**	k) $(6 - 6a) \cdot (-6) = a - 1$ — **C** N
l) $\frac{3}{4}b - \frac{3}{4}a + \frac{1}{2}a \cdot \frac{3}{2} - \frac{1}{2}b = \frac{1}{4}b$ — **E** U	m) $4x \cdot 5y + 4y \cdot 5z = 180xyz$ — **L** R

Lösungswort: _RECHENGESETZ_

3 Stelle eine Gleichung auf, vereinfache sie so weit wie möglich und löse mithilfe von Umformungen. Überprüfe dein Ergebnis.

a) Multipliziert man die um drei vergrößerte Zahl mit 8, erhält man dasselbe, als wenn man die um 8 verminderte Zahl mit 3 multipliziert.

$(x + 3) \cdot 8 = (x - 8) \cdot 3$
$8x + 24 = 3x - 24$
$48 = -5x$
$-9,6 = x$

Probe: $-6,6 \cdot 8 = -17,6 \cdot 3$
$-52,8 = -52,8$ ✓

b) Addiert man zum Doppelten einer Zahl 6 und dividiert das Ergebnis durch (-4), erhält man 1 mehr als die Hälfte der Zahl.

$(2x + 6) : (-4) = \frac{1}{2}x + 1$
$-\frac{1}{2}x - \frac{3}{2} = \frac{1}{2}x + 1$
$-\frac{3}{2} = x + 1$
$-\frac{5}{2} = x$

$(-5 + 6) : (-4) = -\frac{5}{4} + 1$
$-\frac{1}{4} = -\frac{1}{4}$ ✓

Rechnen mit Termen – Multiplizieren und Dividieren

1 a) Multiplikationstabelle

$\cdot$	$-x$	$2a$	$-\frac{b}{4}$
x	$-x^2$	$2ax$	$-\frac{1}{4}bx$
-4	$4x$	$-8a$	b
$\frac{1}{2}a$	$-\frac{1}{2}ax$	a^2	$-\frac{1}{8}ab$

b) Multiplikationsmauer

	$-16xy$		
	$8x$	$-2y$	
	$-4x$	-2	y
x	-4	$0,5$	$2y$

2 Berechne.
Ein Produkt und ein Quotient haben das gleiche Ergebnis. Finde die Paare.

a) $-5x \cdot 3 = -15x$
b) $0,3x \cdot (-10) = -3x$
c) $2x \cdot 6y = 12xy$
d) $\frac{3}{5}y \cdot (-5x) = -3xy$

e) $(-4) \cdot y \cdot (-x) = 4xy$
f) $0,2x \cdot x \cdot 5 = x^2$
g) $\frac{1}{2}x \cdot 3x \cdot (-4) = -6x^2$
h) $x \cdot 2x \cdot \frac{2}{x} = 4x$

$-18x : 6 = -3x$ N | M $0,4x \cdot 0,1 = 4x$ | F $-12xy \cdot (-1) = 12xy$
$-5x^2 \cdot (-5) = x^2$ | I $30x : (-2) = -15x$ | K $15xyz : (-5z) = -3xy$ O $\left(-\frac{3}{4}x^2\right) \cdot \frac{1}{8} = -6x^2$ L

a)	b)	c)	d)
K	I	N	O

e)	f)	g)	h)
N	I	L	M

3 Wende das Distributivgesetz an.

a) Ausmultiplizieren

$3(x + 2) = 3x + 6$
$\frac{2}{5}(10 - 2y) = 4 - \frac{4}{5}y$
$(-0,8 + 2x) \cdot (-5) = 4 - 10x$
$(9r - 3s) : 3 = 3r - s$

$5(a - b) = 5 \cdot a - 5 \cdot b$
$4(2x - 5) = 8 \cdot x - 20$
$\frac{1}{9} \cdot (9y + 9) = y + 1$
$12\left(1 - \frac{1}{3}x + \frac{1}{2}y\right) = 12 - 4x + 6y$

b) Multipliziere, ordne und fasse soweit wie möglich zusammen.

$3(x + 5) + (3 - x) \cdot 2 = 3x + 15 + 6 - 2x = x + 21$
$\frac{x}{2} \cdot \left(-\frac{4}{5}\right) + 0,6 \cdot (x + 10) = -\frac{2}{5}x + 0,6x + 6 = 0,2x + 6$
$2b + 3 \cdot (a - b) - 5b + (b - a) \cdot 2 = 2b + 3a - 3b - 5b + 2b - 2a = a - 4b$

4 Löse die Gleichungen.
Tipp: Vereinfache die Terme zunächst so weit wie möglich und benutze dann Umformungen.

a) $3(x + 7) = 7x - 4x + \frac{1}{4}x$; $x = 84$
b) $12x + (9x - 6) : 3 = 2(x - 1)$; $x = 0$
c) $2(x + 3) + 5x \cdot (-4) = 2x + (x - 6) \cdot 4$; $x = \frac{5}{4}$
d) $(2x - 8) : 2 - 2x = \left(-\frac{1}{2}\right) \cdot (10 + 2x) + 2x$; $x = \frac{1}{2}$
e) $(2x + 4) \cdot \frac{1}{2} = 2x - 6$; $x = 8$
f) $-3x - 4x - 5 = 3x + 5x(x + 1)$; $x = \frac{2}{3}$
g) $\frac{1}{2}x + \frac{1}{3}x + \frac{1}{4}x - 2 = 11$; $x = 12$
h) $2x \cdot (-3) + 3x \cdot (-2) = 12$; $x = -1$

Lösungen: -1; $-\frac{2}{3}$; 0; $\frac{1}{2}$; $1,25$; 8; 12; 84

Winkel an Geradenkreuzungen 1

1 Gib in den Skizzen an, wie groß die gesuchten Winkel sein müssten. Messen funktioniert nicht. Die grünen Geraden sind jeweils parallel zueinander.

a)
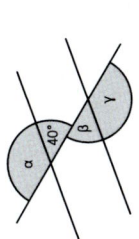

Begründung

α = _80°_ , α ist *Nebenwinkel* _____ zu 100°.

β = _100°_ , β ist *Scheitelwinkel* _____ zu 100°.

γ = _100°_ , γ ist *Stufenwinkel* _____ zu 100°.

b)
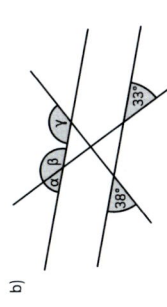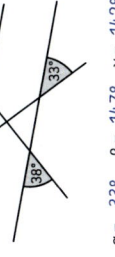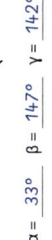

α = _40_   β = _140°_   γ = _40°_

c)

α = _95°_   β = _95°_   γ = _85°_

d)
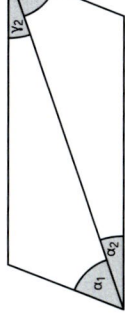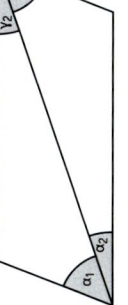

α = _80°_   β = _100°_   γ = _100°_

e)
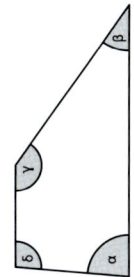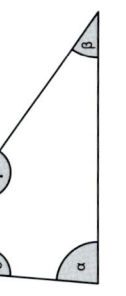

α = _50°_   β = _50°_   γ = _115°_

f)
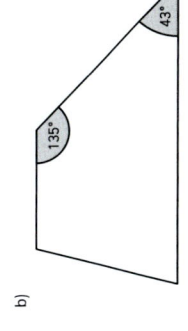

α = _45°_   β = _75°_   γ = _105°_

g)
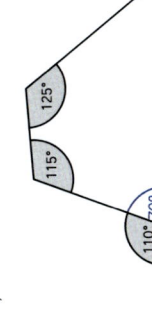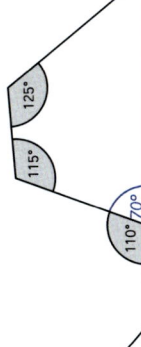

α = _70°_   β = _60°_   γ = _110°_

Winkel an Geradenkreuzungen 2

1 Gib in den Skizzen an, wie groß die gesuchten Winkel sein müssten. Die grünen Geraden sind jeweils parallel zueinander.

a)
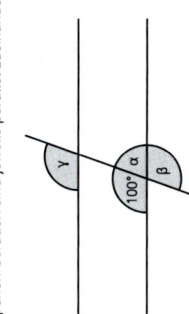

α = _140°_   β = _40°_   γ = _140°_

b)

α = _33°_   β = _147°_   γ = _142°_

2 In einem Parallelogramm werden durch die Diagonale die Winkel α und γ zerlegt. Welche Winkel sind gleich groß? Begründe.

$α_1 = γ_1$ *und* $α_2 = γ_2$,
da jeweils Wechselwinkel zueinander.

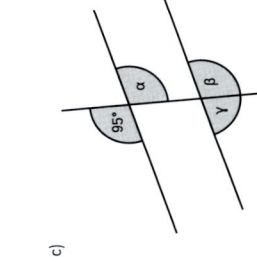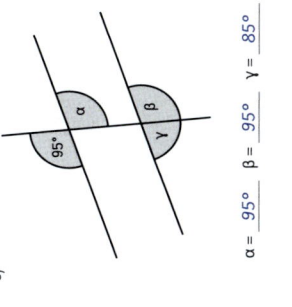

3 In einem Trapez gilt α = 80° und γ = 135°. Berechne die anderen Winkelgrößen.

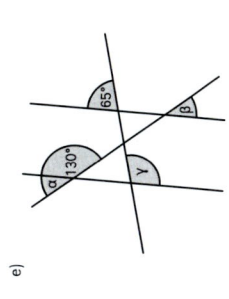

β = _45°_   δ = _100°_

4 Welches der Vierecke ist ein Trapez? Begründe.

a)
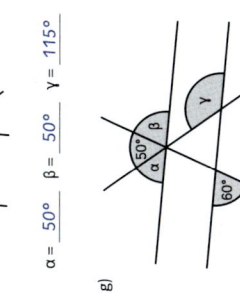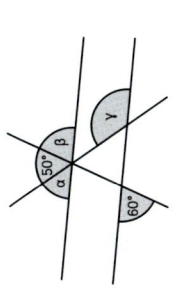

Ist ein Trapez, da die entsprechenden
Winkel sich zu 180° ergänzen.

b)

Kein Trapez, da die Winkel sich nicht zu
180° ergänzen.

c)

Kein Trapez, da keine parallelen Seiten.

d)

Kein Trapez, da sich der 70° Winkel und der
115° Winkel nicht zu 180° ergänzen.

Winkel an Vielecken 2

1 Gib in den Skizzen an, wie groß die gesuchten Winkel sein müssten.

a)

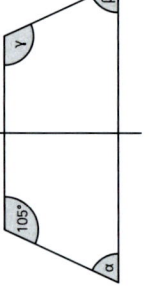

α = __70°__

b)

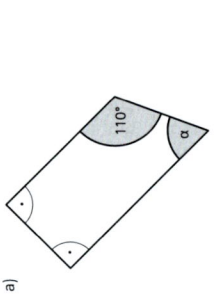

c)

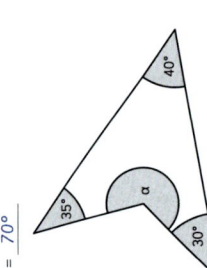

α = __255°__

d)

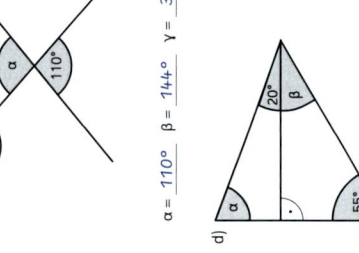

α = __75°__   β = __75°__   γ = __105°__

g ‖ h

α = __62°__   β = __59°__

2

α = __112°__

γ = __93°__

ε = __93°__

3 In einem rechtwinkligen Dreieck ist der größte Winkel zehnmal so groß wie der kleinste. Gib alle Winkelgrößen an.

α = __9°__   β = __81°__   γ = __90°__

4 Ein Giebeldach hat die Dachneigung α und die Dachkanten stehen in einem Winkel γ zueinander.

a) Welchen Winkel schließen die Dachkanten ein, wenn die Neigungswinkel 22° betragen?

γ = 180° − 2 · α = 136°

b) Bestimme die Dachneigung, wenn die Dachkanten einen Winkel von 110° einschließen.

2 · α = 180° − 110° = 70°. Somit α = 35°.

c) Welche Winkel der Dachkanten können entstehen, wenn nur Dachneigungen zwischen 20° und 60° zugelassen sind?

Die Dachkanten schließen dann einen Winkel zwischen 60° und 140° ein.

Winkel an Vielecken 1

1 Gib in den Skizzen an, wie groß die gesuchten Winkel sein müssten.

a)

α = __67°__

b)

α = __110°__   β = __144°__   γ = __34°__

c)

α = __115°__

d)

α = __70°__   β = __35°__

e)

g ‖ h

α = __115°__

f)

α = __85°__   β = __85°__   γ = __65°__

g)

α = __31°__   β = __59°__

h) Regelmäßiger Stern

α = __60°__   β = __120°__

Mittelsenkrechte – Lot – Winkelhalbierende – Mittelparallele 2

1 Wo liegen alle Punkte, die

a) von zwei Punkten A und B gleich weit entfernt sind? *Auf der Mittelsenkrechten*

b) von den Schenkeln a, b eines Winkels gleichen Abstand haben? *Auf der Winkelhalbierenden*

c) zu zwei Parallelen g und h gleichen Abstand haben? *Auf der Mittelparallelen*

2 In welchem Punkt S schneiden sich die Mittelsenkrechten der Strecken $\overline{AB}$ und $\overline{CD}$?

A(1|1)
B(4|0)
C(5,5|0,5)
D(8,5|3,5)

S(_4_ | _5_)

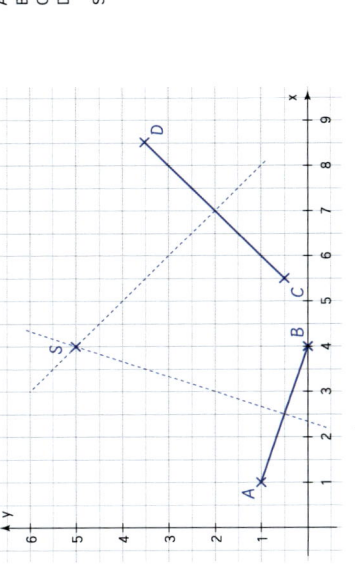

3 Konstruiere einen Punkt P, der von den Geraden g und h jeweils 2 cm entfernt ist. Beschreibe dein Vorgehen.

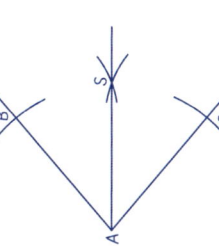

Beschreibung: Konstruiere jeweils mithilfe zweier Senkrechten eine Parallele zu den Schenkeln im Abstand von 2 cm; der Schnittpunkt der beiden Parallelen ist P. (Oder: eine Parallele und die Winkelhalbierende)

4 In einen Kreis sind zwei Sehnen eingezeichnet. Zeichne zu den beiden Sehnen jeweils die Mittelsenkrechte.

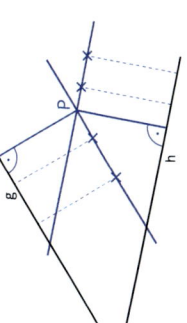

Was wird konstruiert? *Mittelpunkt des Kreises*

Mittelsenkrechte – Lot – Winkelhalbierende – Mittelparallele 1

1 Konstruiere mit Zirkel und Lineal die Mittelsenkrechte zu $\overline{AB}$. Bringe dazu zunächst die Konstruktionsschritte in die richtige Reihenfolge.

Schritt _3_
Kennzeichne die Schnittpunkte S₁ und S₂ der beiden Kreise.

Schritt _1_
Zeichne um A einen Kreis K₁ mit Radius r > ½ $\overline{AB}$.

Schritt _2_
Zeichne um B einen Kreis K₂ mit dem gleichen Radius r.

Schritt _4_
Zeichne die Gerade durch S₁ und S₂.

2 Bringe die Bilder in die richtige Reihenfolge. Was wurde konstruiert?

a) Schritt _2_   Schritt _4_   Schritt _1_   Schritt _3_

Was wurde konstruiert? *Lot von P auf g*

b) Schritt _4_   Schritt _1_   Schritt _2_   Schritt _3_

Was wurde konstruiert? *Mittelparallele*

3 Zeichne einen 80° großen Winkel und halbiere ihn mit Zirkel und Lineal.

- Zeichne einen 80° großen Winkel.
- Zeichne einen Kreis um A.
- Zeichne Kreise um B und C mit dem gleichen Radius.
- Zeichne Schenkel durch A und S.

Besondere Linien und Punkte im Dreieck 2

1 Bestimme den Schwerpunkt S des Dreiecks. Runde auf eine Stelle nach dem Komma.

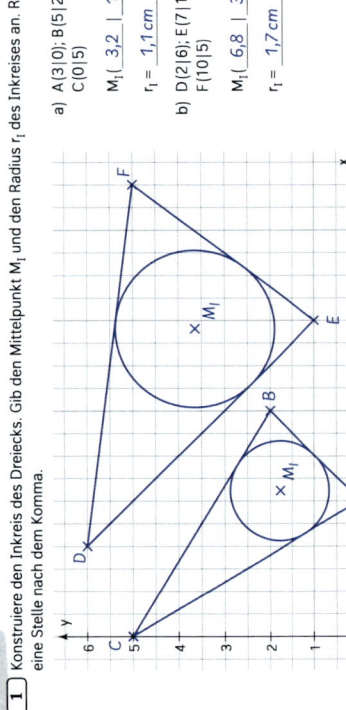

a) A(0|1); B(6|1);
C(0|4)
S(2 | 2)

b) D(8|1); E(9,5|4,5);
F(2|5)
S(6,5 | 3,5)

2 Konstruiere den Höhenschnittpunkt H des Dreiecks.

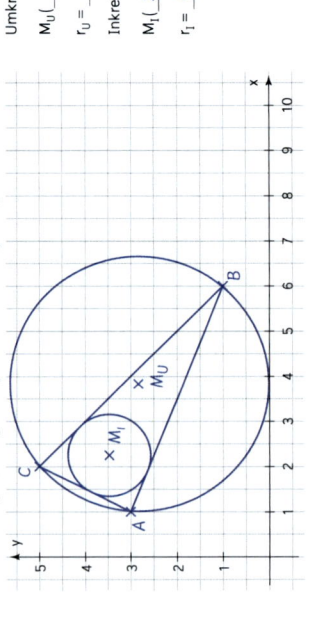

a) A(0|2); B(3|0);
C(2|5)
H(0 | 2)

b) D(5|2); E(8|2);
F(4|5)
H(4 | 0,7)

3 Konstruiere im Dreieck ABC mit A(2|2); B(9|4); C(6,5|7) den Schnittpunkt M der Mittelsenkrechten, W der Winkelhalbierenden, S der Seitenhalbierenden, H der Höhengeraden.

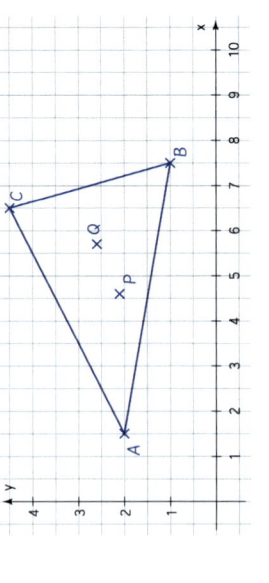

Welcher der Punkte ist welcher Schnittpunkt?

W (6,4|4,7)
H (6,8|6,0)
S (5,9|4,4)
M (5,3|3,6)

Besondere Linien und Punkte im Dreieck 1

1 Konstruiere den Inkreis des Dreiecks. Gib den Mittelpunkt M_I und den Radius r_I des Inkreises an. Runde auf eine Stelle nach dem Komma.

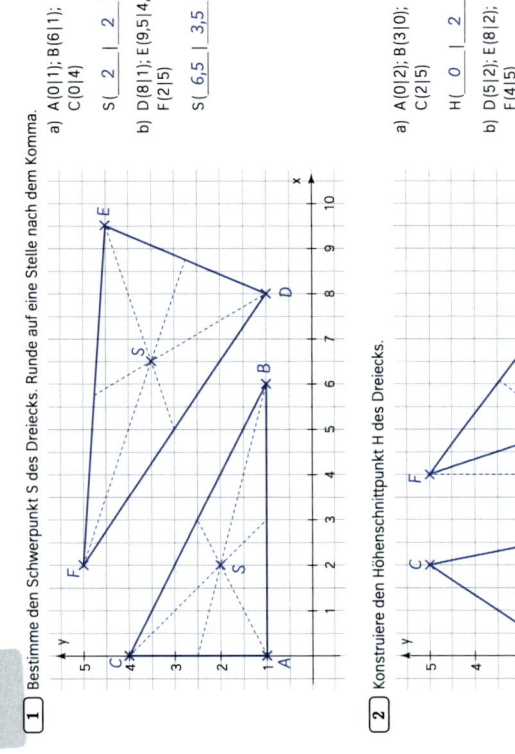

a) A(3|0); B(5|2);
C(0|5)
M_I(3,2 | 1,8)
r_I = 1,1cm

b) D(2|6); E(7|1);
F(10|5)
M_I(6,8 | 3,7)
r_I = 1,7cm

2 Konstruiere den Umkreis und den Inkreis des Dreiecks ABC mit A(1|3); B(6|1); C(2|5).
Gib die Mittelpunkte M_U und M_I sowie die Radien r_U und r_I an. Runde auf eine Stelle nach dem Komma.

Umkreis
M_U(3,8 | 2,8)
r_U = 2,8cm

Inkreis
M_I(2,3 | 3,5)
r_I = 0,9cm

3 a) Welcher Punkt P ist von den Eckpunkten des Dreiecks ABC gleich weit entfernt?
b) Welcher Punkt Q ist von den Seiten des Dreiecks ABC gleich weit entfernt?

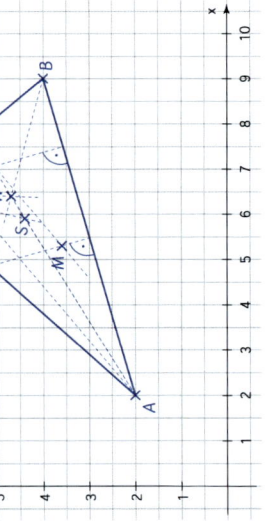

A(1,5|2); B(7,5|1);
C(6,5|4,5)
Gib auch an, welche
Linien du für die
Konstruktion der Punkte
P und Q benutzt.

a) P(4,6 | 2,1)
Schnittpunkt der
Mittelsenkrechten

b) Q(5,7 | 2,6)
Schnittpunkt der
Winkelhalbierenden

Voraussagen mit relativen Häufigkeiten

1 Fischzüchter Roger Karlsson möchte den ungefähren Fischbestand in seinem Zuchtteich ermitteln.
Dazu fängt er 100 Fische und markiert diese.
Danach setzt er sie wieder aus.
Am nächsten Tag macht er fünf Probefänge und zählt bei diesen die markierten Fische.

Anzahl der gefangenen Fische	120	86	107	148	219
Anzahl der markierten Fische im Fang	7	1	6	8	11
relative Häufigkeiten	≈ 5,8 %	≈ 1,2 %	≈ 5,6 %	≈ 5,4 %	≈ 5,0 %

Bestimme die relativen Häufigkeiten der markierten Fische im jeweiligen Fang und deren Mittelwert. Schätze ab, wie viele Fische im Teich sind.

Mittelwert : ≈ 4,6 %   *Es sind ca. 2000 Fische im Teich.*

2 Giulia und Martin stehen auf einer Brücke und bestimmen, welche Farben die durchfahrenden Autos haben.
Unter 700 Autos zählen sie folgende Anzahlen:

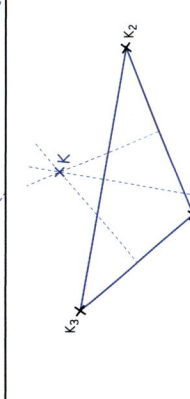

Farbe	Schwarz	Grau/Silber	Rot	Blau	Weiß	Andere
Anzahl	181	229	68	103	71	48
relative Häufigkeit	≈ 26 %	≈ 33 %	≈ 10 %	≈ 15 %	≈ 10 %	≈ 7 %

a) Bestimme die relativen Häufigkeiten.
b) In Deutschland gibt es ca. 50000000 Autos. Schätze ab, wie viele Autos der jeweiligen Farbe es in Deutschland gibt.

Farbe	Schwarz	Grau/Silber	Rot	Blau	Weiß	Andere
Anzahl	ca. 13000000	ca. 16500000	ca. 5000000	ca. 7500000	ca. 5000000	ca. 3500000

c) Erläutere, warum man mit diesen Zahlen nicht auf die Anteile der Farben bei den im Folgejahr zugelassenen Autos schließen kann.

Die Farben hängen z. B. auch von den aktuellen Trends ab.

3 Paul und Jannik spielen ein Würfelspiel.
Jannik hat den Verdacht, dass Pauls Würfel gezinkt ist.
Um den Verdacht zu widerlegen, würfelt Paul 100-mal.

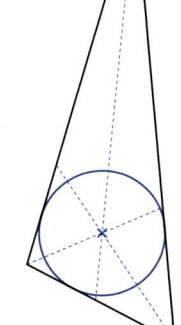

Augenzahl	1	2	3	4	5	6
Häufigkeit	15	18	15	16	15	21

Beurteile das Ergebnis.

Die Häufigkeiten der Augenzahlen unterscheiden sich nicht deutlich.

Man kann nicht beurteilen, ob der Würfel gezinkt ist.

Besondere Linien und Punkte im Dreieck 3

1 Konstruiere die gesuchten Punkte.

a) Drei Polarstationen P_1, P_2 und P_3 benötigen ein gemeinsames Depot.

Schnittpunkt der

Mittelsenkrechten

b) Auf einer Grünfläche zwischen den Straßen soll ein möglichst großes, kreisförmiges Blumenbeet angelegt werden.

Winkelhalbierenden

Inkreis

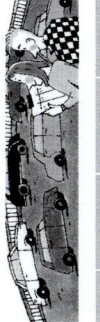

c) In einem Wettbewerb wollen drei Schüler S_1, S_2 und S_3 einen Ball von verschiedenen Startpunkten erreichen.
Wohin muss der Ball gelegt werden, damit der Wettbewerb fair ist?

Mittelsenkrechten

Mittelpunkt des Umkreises

d) Ein Pappdreieck soll auf einer Nadel balanciert werden.

Seitenhalbierenden

Schwerpunkt

e) Beim Boccia sind die Kugeln K_1, K_2 und K_3 gleich weit von der kleinen Zielkugel liegen geblieben. Die kleine Kugel wurde bereits entfernt. Wo hat sie gelegen?

Schnittpunkt der

Mittelsenkrechten

f) Aus einer dreieckigen Metallplatte soll eine möglichst große Kreisscheibe ausgeschnitten werden.

Winkelhalbierenden

Inkreis

Theoretische Wahrscheinlichkeiten 2

1 Ein Glücksrad wurde in vier Segmente unterteilt. Das rote Segment ist sechsmal so groß wie das blaue. Das gelbe ist halb so groß wie das rote. Das rote ist dreimal so groß wie das grüne. Skizziere das Glücksrad und beantworte die Fragen.

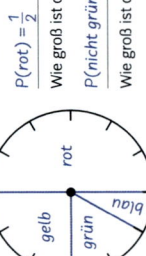

Wie groß ist die Wahrscheinlichkeit, „rot" zu drehen?
$$P(rot) = \frac{1}{2}$$

Wie groß ist die Wahrscheinlichkeit, nicht „grün" zu drehen?
$$P(nicht\ grün) = 1 - \frac{2}{12} = \frac{10}{12} = \frac{5}{6}$$

Wie groß ist die Wahrscheinlichkeit, „gelb oder blau" zu drehen?
$$P(gelb\ oder\ blau) = \frac{4}{12} = \frac{1}{3}$$

2 Ein Skatblatt besteht aus 32 Karten. Es gibt jeweils vier der Karten 7, 8, 9,10, Bube, Dame, König, Ass. Jede Kartensorte kommt in den Farben Kreuz, Pik, Herz und Karo vor. Es wurde gemischt. Beantworte die Fragen.

Wie groß ist die Wahrscheinlichkeit, ...

... den Pik-König zu ziehen? $P(Pik-König) = \frac{1}{32}$

... keine Karo-Karte zu ziehen? $P(keine\ Karo-Karte) = \frac{24}{32} = \frac{3}{4}$

... weder Pik noch einen König zu ziehen? $P(weder\ Pik\ noch\ König) = 1 - \frac{11}{32} = \frac{21}{32}$

... nach einer Karo-Sieben ein Pik-Ass zu ziehen? $P(Pik-Ass\ nach\ Karo-Sieben) = \frac{1}{31}$

... nach einer Karo-Sieben eine Karo-Acht zu ziehen? $P(Karo-Acht\ nach\ Karo-Sieben) = \frac{1}{31}$

3 In einem Raum befinden sich in einer Reihe zehn Stühle.

a) Marianne und Edwin betreten den Raum. Wie viele verschiedene Sitzordnungen gibt es?
Anzahl der Sitzordnungen: $10 \cdot 9 = 90$

b) Marianne und Edwin wählen den Sitzplatz zufällig aus. Wie hoch ist die Wahrscheinlichkeit, dass Marianne und Edwin nebeneinander sitzen?
$P(Marianne\ neben\ Edwin) = \frac{1}{5}$

c) Wie ändern sich die Ergebnisse, wenn man die Zahl der Stühle um einen verringert?
Anzahl der Sitzordnungen: 72
$P(Marianne\ neben\ Edwin) = \frac{2}{9}$

Theoretische Wahrscheinlichkeiten 1

1 Färbe die Glücksräder entsprechend der angegebenen Wahrscheinlichkeiten und ergänze die fehlenden Wahrscheinlichkeiten.

a)
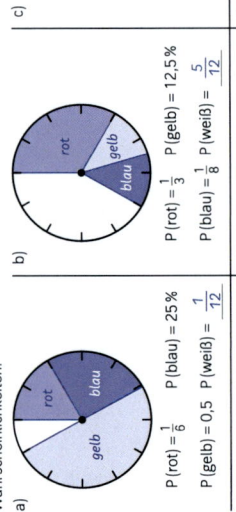
$P(rot) = \frac{1}{6}$ $P(blau) = 25\%$
$P(gelb) = 0{,}5$ $P(weiß) = \frac{1}{12}$

b)
$P(rot) = \frac{1}{3}$ $P(gelb) = 12{,}5\%$
$P(blau) = \frac{1}{8}$ $P(weiß) = \frac{5}{12}$

c)
$P(blau) = 2 \cdot P(rot)$
$P(gelb) = P(blau) + P(rot)$
$P(weiß) = 0$

d)
$P(grün) = \frac{1}{2}$
$P(rot) + P(blau) = 1 - P(grün)$
$P(rot) = \frac{1}{8}$
$P(blau) = \frac{3}{8}$ $P(weiß) = 0$

e)
$P(grün) = \frac{1}{3}$
$P(rot) + P(blau) = 1 - P(blau)$
$P(rot) = P(blau)$
$P(weiß) = 0$

f)
$P(grün) = \frac{1}{16}$
$P(rot) = 2 \cdot P(grün)$
$P(gelb) = 2 \cdot (rot)$
$P(blau) = 2 \cdot P(gelb)$
$P(weiß) = \frac{1}{16}$

2 In einer Kiste befinden sich 24 Kugeln (eine weiße, drei blaue, vier grüne, sechs rote, zehn orange).

a) Bestimme die Wahrscheinlichkeiten der folgenden Ereignisse:

E_1: Eine grüne Kugel ziehen $P(E_1) = \frac{1}{6}$

E_2: Eine rote oder orange Kugel ziehen $P(E_2) = \frac{2}{3}$

E_3: Weder eine weiße noch eine blaue Kugel ziehen $P(E_3) = \frac{5}{6}$

E_4: Eine rote Kugel ziehen $P(E_4) = \frac{1}{4}$

E_5: Eine gelbe Kugel ziehen $P(E_5) = 0$

b) Moritz möchte auf einem Straßenfest eine Tombola veranstalten. Er hat den folgenden Gewinnplan erarbeitet:

Farbe	weiß	blau	grün	rot	orange
Gewinn	11€	3€	4€	2€	Niete

Max möchte an Moritz' Stand 96-mal ziehen. Mit welchem Gewinn kann er ungefähr rechnen?

$$\frac{1}{24} \cdot 96 \cdot 11€ + \frac{1}{8} \cdot 96 \cdot 3€ + \frac{1}{6} \cdot 96 \cdot 4€ + \frac{1}{4} \cdot 96 \cdot 2€ = 192€$$

Wie viel muss Moritz pro Spiel mindestens als Einsatz verlangen, um keinen Verlust zu machen?

$$192€ : 96 = 2€$$